Helmut Fladenhofer / Karlheinz Wirnsberger

Laubsträucher

Foto-Fibel

Österreichischer Jagd- und Fischerei-Verlag

Verlagsassistenz und Sekretariat: Angela Pleyel

Lektorat, Layout, Leitung Produktion: Michael Sternath

Mad etha tone whailtal kinto Dwarfnose. Issa tellin OleGoof whatado. Ammalis tenin, Dwarfie, ammalis tenin & willbee cummin bag, me traiatle ased …

Fotos: Helmut Fladenhofer & Karlheinz Wirnsberger

Repro: Reprozwölf, Wien

Gesamtherstellung: Christian Theiss, Sankt Stefan im Lavanttal

ISBN 978-3-85208-169-4

Vorwort

Himbeere und Brombeere, Hagebutte, Haselnuss und Holunder, Buchsbaum und Grün-Erle – manche Sträucher erkennt so gut wie jeder, der sich in der freien Natur aufhält. Aber den Spindelbaum? Den Weißdorn? Den Wolligen Schneeball? – Und wer weiß, dass es sich bei der Kornelkirsche um nichts Anderes handelt als den Dirndlstrauch?

Vollends schwierig wird die Bestimmung der Sträucher dann, wenn uns keine Blüte und keine Frucht einen Hinweis auf den Namen der Pflanze geben. Solange der Strauch noch Blätter trägt, haben wir immer noch einen guten Anhaltspunkt. Aber wenn einmal das Laub gefallen ist, dann wird es selbst für einen Spezialisten eng. Andererseits: Da kann uns immer noch die Rinde helfen, oder – zur richtigen Jahreszeit – die Knospen, oder auch der Platz, an dem der Strauch wächst.

Knospen, Blüte, Blatt, Früchte – genau dieses Wissen bringt die Fotofibel „Laubsträucher“ von Helmut Fladenhofer und Karlheinz Wirnsberger auf den Punkt. Kurz und prägnant stellen sie die wichtigsten heimischen Sträucher vor – von der Berberitze über den Faulbaum, den Hartriegel, den Liguster, über Schwarzholler und Rotholler bis hin zur Schlehe und zur Stechpalme. Aussagekräftige Fotos zeigen sowohl die Gesamtansichten als auch die wichtigsten Details. Ein Streifzug durch die Verwendung der Früchte und anderer Pflanzenteile rundet die einzelnen Porträts der heimischen Sträucher ab. Steckbriefe fassen Grundwissen und Kenndaten übersichtlich zusammen und machen das Vergleichen und richtige Ansprechen der Laubsträucher leicht.

Österreichischer Jagd- und Fischerei-Verlag

Ein paar Begriffe

Einhäusig: Die Blüten befinden sich auf einer Pflanze, auch wenn sie getrenntgeschlechtlich sind.

Zweihäusig: Die eingeschlechtlichen Blüten befinden sich auf getrennten Pflanzen, das heißt, es gibt männliche und weibliche Pflanzen.

Getrenntgeschlechtlich: Blüten, die mit rein männlichen oder rein weiblichen Blütenorganen versehen sind.

Wechselständig: Die Blätter entspringen einzeln und scheinen regellos verteilt zu sein.

Gegenständig: Zwei Blätter stehen sich in gleicher Höhe des Stängels gegenüber.

Blattknospen: Die Knospe an Gewächsen, aus welchen sich die Blätter entwickeln.

Blütenknospen: Blüte in einem noch geschlossenen Zustand.

Kelchblätter – Kronblätter – Staubblätter: Die wesentlichen Teile der Blüte.

Dolde: Alle Blütenstiele gehen vom selben Punkt aus (z.B. Kornelkirsche).

Trugdolde: Es gehen nicht alle Blütenstiele von einem Punkt aus. Die Blütenstiele entspringen einzeln unterhalb der eine Blüte tragenden Achsenspitze und können sich wiederholt wie die Hauptachse verzweigen (z.B. Hartriegel).

Kätzchen: An fadenförmiger Spindel stehen ungestielte Blüten dicht gedrängt. Das Kätzchen hängt (Hasel) oder steht aufrecht (Weiden).

Zäpfchen bzw. Zapfen unserer Nadelhölzer: Besondere Form des Kätzchens, bei der Spindel, Frucht- und Deckschuppen der weiblichen Blütenstände verholzen.

Wintersteher: Pflanzen, deren Früchte oder Samen bis in den Winter oder auch darüber hinaus an der Pflanze haftenbleiben.

Inhalt

Berberitze

Wissenswertes

Die Berberitze ist ein sommergrüner, mit Dornen bewehrter Strauch. Sie kommt in West-, Mittel- und Südeuropa natürlich vor, nicht aber auf den Britischen Inseln und in Skandinavien. Man findet sie vor allem an Waldrändern und an sonnigen Rändern der Felder. Oft sieht man sie in Hecken. Die Berberitze ist ausgesprochen widerstandsfähig gegen Trockenheit. In den Alpen kommt sie bis in beträchtliche Höhen vor.

Die Berberitze ist ein sogenannter Kernholzbaum mit zitronengelbem Splint und blaurotem Kern. Das Holz ist sehr hart, es weist eine Dichte beim lufttrockenen Holz von 690 bis 940 Kilogramm auf und ist aufgrund seiner Feinfaserigkeit ein sehr schwer zu spaltendes Holz. Es lässt sich gut polieren und wird gerne für Einlegearbeiten aufgrund der hohen Kontrastfähigkeit verwendet.

Eine besondere Eigenschaft hat das Holz: Beim Einlegen in heißes Wasser lässt sich der wasserlösliche Farbstoff „Berberin“ sehr leicht aus dem Holz herauslösen, und diese intensive gelbe Farbe wurde häufig in der Textilfärberei eingesetzt.

Die Beeren der Berberitze lassen sich verwenden, zum Beispiel in der Essig-Erzeugung; aber auch Gelee und Sirup kann man erzeugen, unter Zuckerzusatz.

Berberitzen-Beeren enthalten Apfelsäure und viel Vitamin C. Die getrockneten Früchte werden als „säuerliche“ Würze bei Reisgerichten verwendet.

Die in der Rinde enthaltenen Alkaloide finden in der Medizin Verwendung.

Mit Ausnahme der oben erwähnten Früchte sind alle Teile der Pflanze leicht giftig.

Steckbrief

Andere Bezeichnungen: Gewöhnliche Berberitze, Echte Berberitze, Sauerdorn, Berbisbeere, Essigbeere, Essigscharl, Zitzenbeere, Dreidorn.

Wissenschaftlicher Name: *Berberis vulgaris*

Familie: Berberitzengewächse *(Berberidaceae)*

Gattung: Berberitzen *(Berberis)*

Wuchshöhe: Sommergrüner, aufrechter, mit Blattdornen bewehrter 1 bis 2 Meter hoher Strauch.

Stamm: In der Jugend hellgrau, im Alter hellbraun und längs gefurcht.

Fruchtart: Dunkelrote längliche elliptische Beeren, 8 bis 10 Millimeter lang; mit 1, manchmal auch 2 Samen versehen, sind die Beeren sehr sauer. Früher wurden sie zur Essigerzeugung verwendet.

Geschlecht: zwittrig

Blüte: Mai/Juni. Klein, gelb, halbbkugelig, in hängenden Trauben an den Kurztrieben zu finden; Blütenhülle besteht aus 6 Kelchblättern und 6 Kronblättern. Stark riechend.

Knospen: Spiralig angeordnet, in den Achseln der meist 3-teiligen Dornen.

Samenreife: September/Oktober. Die Beeren bleiben oftmals über den ganzen Winter am Strauch hängen.

Blätter: Wechselständig, kurzgestielt, 3 bis 5 Zentimeter lang; länglich-eiförmig, Keilform am Blattgrund, Rand dornig gezahnt, derb; in Büscheln in den meist dreiteiligen, aus den umgewandelten Blättern entstandenen Dornen sitzend. Im Herbst auffallend schöne Rotfärbung.

Standort: Bevorzugt Kalkböden. Vor allem an Waldrändern und sonnigen Rändern der Felder zu Hause; findet oft Platz in Hecken. Äußerst widerstandsfähig gegen Trockenheit. Zwischenwirt des Getreiderostes. Kommt in den Alpen bis in beträchtliche Höhen vor.

Alter: mehrjährig

Berberitzenknospe.
(Anfang April)

Berberitzenknospe.
(Ende April)

Die Knospen befinden sich – spiralig angeordnet – in den Achseln der dreiteiligen Dornen.

Hellgrauer Stamm.

Der Stamm ist meist mit aus Blättern entstandenen Dornen ausgestattet.

Gelbe Trugdolden.

Die kleinen kugeligen Trugdolden der Berberitze findet man in den Achseln der Dorne.

Berberitzenbeeren.

Sie sind länglich, rot und haben zwei Samen.

Blätter der Berberitze.

Sie sind kurz gestielt, sehr derb und dornig und treten in Büscheln auf.

Besenginster

Wissenswertes

Der Besenginster ist ein winterkahler, auch sommerkahler Strauch. Er kommt meist gesellig bis massenweise vor und ist häufig in Heiden und Kiefernwäldern zu finden, auch an Wegrändern und auf Böschungen. Besenginster ist ein gutes Pioniergehölz zur Befestigung von Hängen oder Sanddünen, weil er durch seine tiefgehende Hauptwurzel sowie die zahlreichen und weitstreichenden Seitenwurzeln auch sehr lockere Böden bindet.

Darüber hinaus wirkt Besenginster erheblich bodenverbessernd durch zahlreiche Wurzelknöllchen, in welchen der Stickstoff aus der Luft gebunden und der Boden damit angereichert wird. Er ist lichtbedürftig, aber sehr empfindlich gegen tiefe Temperaturen, doch treibt er nach dem Abfrieren immer wieder neu aus der Wurzel aus.

Der Bestäubungsmechanismus kann nur von Hummeln ausgelöst werden. Seine Blüten geben auch eine gute Bienenweide ab.

Der reife Samen des Besenginsters platzt – meist in der Mittagshitze – mit einem Knall längs der oberen Naht auf, die beiden Hülsenhälften rollen sich schraubig auseinander und schleudern dabei ihre Samen mehrere Meter weit in die Umgebung.

Die Ausbreitung der Samen erfolgt sowohl über den Kropf von Tauben oder – wegen der Ölkörper – über Ameisen.

„Hasenheide“ wird der Besenginster auch genannt, wohl deshalb, weil er gerne von den Hasen vernascht wird. Aber auch so mancher Rehbock verfegt die elastischen Ruten gern.

Steckbrief

Andere Bezeichnungen: Gewöhnlicher Besenginster; Hasenklee.

Wissenschaftlicher Name: *Cytisus scoparius*

Familie: Hülsenfrüchte *(Fabaceae)*

Gattung: Geißklee *(Cytisus)*

Wuchshöhe: 1 bis 2 Meter

Stamm: Im 2. Jahr beginnen sich die Jungpflanzen zu verzweigen. Der Holzzuwachs ist im 4. Jahr am stärksten.

Fruchtart: Hülsenfrucht

Frosthärte: frostempfindlich (Spät- und Frühfrost)

Geschlecht: zwittrig, einhäusig

Blütezeit: Mai/Juni

Blüte: Große goldgelbe gestielte Schmetterlingsblüten, blattwinkelständig, einzeln oder zu zweit, Griffel uhrfederartig eingerollt.

Samenreife: August/September

Wurzelsystem: Pfahlwurzler

Blätter: Wechselständig, nur in spärlicher Anzahl, da auch die grünen Äste und Zweige assimilieren; untere Blätter kleeförmig, kurzgestielt, gegen die Triebspitze nur noch einfach, lanzettlich, etwas behaart, sitzend, ganzrandig.

Standort: Rohbodenpionier; trockene, lockere Sandböden; auch felsige Plätze; meidet nasse bis torfige Lagen.

Alter: bis 12 Jahre

Auf trockenen Böden.

Winter-Äsung für Hase und Reh.

Pionierstrauch.

Als Pionierstrauch besiedelt Besenginster gerne Wegränder und Straßenböschungen. Auch mag er felsige, trockene und sonnige Schläge.

Goldgelbe Blüten.

Die großen gestielten Schmetterlingsblüten sind attraktiv für Insekten.

Hülsenfrucht.

Die Samen liegen in flachen Hülsen – ähnlich den Schoten der Erbse.

Brombeere

Wissenswertes

Brombeer-Arten sind in den gemäßigten Gebieten der Nordhalbkugel von Europa, Nordafrika, Vorderasien und Nordamerika weit verbreitet. Brombeeren bevorzugen sonnige bis halbschattige Lagen, etwa lichte Wälder oder Waldränder, mit kalk- und stickstoffreichen Böden.

In der Volksmedizin spielte die Brombeere seit jeher eine große Rolle. Man schätzt die Frucht wegen ihrer organischen Säuren, wegen der Gerbstoffe, des Pektins und ihres reichen Gehaltes an Vitamin C. Frischen wie eingekochten Früchten schreibt man eine beruhigende Wirkung zu, die unter anderem das Einschlafen fördert. Der Tee aus den Blättern der Brombeere soll eine zusammenziehende Eigenschaft haben und ist daher als Mittel gegen Durchfall bei Säuglingen, aber auch bei Erwachsenen eingesetzt worden. Darmentzündungen, Magenblutungen und chronische Blinddarmreizungen wurden ebenfalls mit Brombeertee behandelt. Außerdem soll er blutreinigend wirken und bei Hautausschlägen und Hautunreinheiten helfen.

Die Blätter werden ohne Stiele im Frühjahr gesammelt, dazu auch oberste Blütenwipfel. Die Wurzeln der Brombeere sammelt man im Februar und März.

Als Ersatz für Schwarzen Tee kann eine Mischung aus Himbeer-, Erdbeer-, Brombeerblättern und ein paar Wacholderbeeren dienen.

Die Brombeere kann undurchdringbare Hecken bilden. Sie ist meist wintergrün und stellt somit ganzjährig eine wunderbare Deckung und Äsung für viele Wildarten dar.

Links im Bild: Alle Stadien der Fruchtreife der Brombeeren.

Steckbrief

Andere Bezeichnungen: Dornstrauch, Kratzbeere.

Wissenschaftlicher Name: *Rubus fructicosus*

Familie: Rosengewächse (*Rosaceae*)

Gattung: Rubus

Wuchshöhe: Als Strauch bis zu 3 Meter hoch.

Fruchtart: Sammelsteinfrucht

Frosthärte: frosthart

Geschlecht: zwittrig

Blütezeit: Juni bis August

Blüte: Groß, weiß bis rötlich, in lockeren Trugdolden; Kronblätter eirund.

Knospen: Spiralig angeordnet; spitz, lang, von behaarten Schuppen lose umhüllt, auf vorgewölbten Blattkissen. Zweige kantig, mit derben, gekrümmten Stacheln, an der besonnten Seite violett-rot. Die Blätter bleiben häufig im Winter an den Zweigen.

Samenreife: August bis Oktober

Blätter: Wechselständig; gefiedert, drei- bis siebenzählig. Fiedern vielgestaltig, gezähnt. Stiele und Nerven stachelig, Stachel rückwärts gebogen. Blätter dunkelgrün. Örtlich überwinternd.

Standort: Bevorzugt kräftige, kalkhaltige, nicht zu trockene Böden. Kommt gesellig auf Waldblößen, in lichten Wäldern oder auf Rainen vor.

Winteräsung und Deckung.

Brombeerhecken können im Winter eine nahezu undurchdringliche Deckung darstellen. Für Rehe und andere Tiere bietet die Brombeere im Winter aber nicht nur Deckung, sondern auch wertvolle Äsung.

Brombeerknospen und Stachel.
Die Knospen sind spiralig angeordnet, bemerkenswert sind die rückwärts gebogenen Stacheln.

Brombeerlaub im Winter.
Die Blätter der Brombeere sind gefiedert, die Fiedern gezähnt.

Blühende Brombeere.
Die großen, weißen Blüten fallen auch durch ihren guten Geruch auf.

Bienenweide.
Brombeeren sind eine wichtige Weide für verschiedene Insekten.

Buchsbaum

Wissenswertes

Der Buchsbaum ist in allen Pflanzenteilen stark giftig. Er enthält den Inhaltsstoff „Buxin", der zu starkem Fieber, Krämpfen, Lähmungen bis zum Tod durch Atemlähmung führen kann.

Das sehr schwere hellgelbe und äußerst begehrte Holz des Buchsbaumes wird gerne in der Drechslerei verwendet, ebenso greifen Holzrestauratoren bei der Anfertigung etwa von Holzleisten gern darauf zurück. Aber auch Weberschiffchen, die eine sehr glatte Oberfläche benötigen, wurden daraus gefertigt, und auch auch im Instrumentenbau (Wirbel und Endknöpfe) sowie bei der Herstellung von Schachfiguren fand es Verwendung. Ebenso wurde das harte Holz in der historischen Waffenproduktion, etwa für Armbrüste oder Schwertscheiden, eingesetzt.

Mit einer Rohdichte von 900 kg/m^3 ist der Buchsbaum eine der schwersten europäischen Holzarten. Splintholz und Kernholz lassen sich nur nass leicht voneinander unterscheiden.

Der Buchsbaum ist wild eher selten zu finden, wird aber oft als Heckenpflanze gesetzt. Er ist sehr gut schnittverträglich.

Jungen Zweige werden auch heute noch gerne beim Binden des Palmbuschens in die Weidenzweige (Salweide) eingearbeitet.

Derzeit gibt es ein großes Problem mit dem Buchsbaumzünsler *(Cydalima perspectalis)*, einem ostasiatischen Kleinschmetterling, dessen Raupen am Buchsbaum massive Schäden durch Kahlfraß verursachen.

Der Buchsbaum wurde bereits in der Barockzeit in großen Schlossanlagen in der Gartenkunst gern als Ziergehölz verwendet – aufgrund seiner herausragenden „Formbarkeit" (Schnittverträglichkeit). Er fand aber auch in vielen Bereichen der Volksmedizin Anwendung.

Steckbrief

Andere Bezeichnungen: Gewöhnlicher Buchsbaum; Buchs, Bux.

Wissenschaftlicher Name: *Buxus sempervirens*

Familie: Buchsbaumgewächse *(Buxaceae)*

Gattung: Buchsbäume *(Buxus)*

Wuchshöhe: Kann aufgrund seines hohen Alters 2 bis 6 Meter hoch werden. Immergrüner, trägwüchsiger, meist buschiger Strauch. Weist kurze, schräg nach oben weisende, kantige Zweige auf.

Stamm: Im Alter Durchmesser bis zu 0,5 Meter. Starke Drehwüchsigkeit im Alter. Rinde bei der Jungpflanze mit feinen Rissen versehen, im Alter löst sie sich in Lappen ab. Farbe gelb bis grünbraun. Die Rinde junger Zweige ist für kurze Zeit behaart, verkahlt später aber.

Geschlecht: Einhäusig, getrenntgeschlechtlich (monözisch).

Fruchtart: Schwarzbraune, sehr harte, mit 3 Hörnern versehene Kapseln, wobei sich in jedem „Horn" 2 braune Samen befinden.

Frosthärte: Bis etwa minus 24° C. Bei langanhaltendem Frost können die Blätter austrocknen und braun werden.

Blüte: Blüten stehen in den Blattachseln zu Knäueln übereinander, wobei die unauffällige kleine, gelblich-weiße weibliche Blüte oberhalb der männlichen Blüte zu finden ist.

Blütezeit: März bis Mai

Samenreife: Ende August bis Ende September/Anfang Oktober. Die ausgeworfenen Samen werden von den Ameisen vertragen.

Wurzelsystem: Besitzt hohes Ausschlagvermögen. Die Vermehrung erfolgt hauptsächlich durch Stecklinge.

Blätter: Gegenständig. Oberseite glänzend dunkelgrün; ledrig; immergrün; eiförmig; kurz gestielt; ganzrandig. Unterseite hellgrün; Blattrand nach unten umgebogen. Blattlänge 1 bis 3 Zentimeter.

Standort: Bevorzugt trockene, sonnige und steinige Orte in den collinen Stufen; kalkliebend.

Alter: 400 bis 500 Jahre

Zweige des Buchsbaumes.

Die Zweige sind grün, vierkantig mit dicht aneinander gedrängten Blättern.

Blütenknospen.

Die Blütenknospen sitzen beim Buchsbaum in den Blattachseln.

Weiblich & männlich.

Obenauf die weiblichen Blüten, umgeben von den männlichen.

Fruchtkapsel des Buchsbaumes.

Die braunen, 3-hörnigen Kapseln beinhalten jeweils 2 Samen.

Buchsbaum-Blätter.

Sie sind gegenständig, ledrig und immergrün, mit in den Blattachseln angehäuften Blütenknäueln.

Faulbaum

Wissenswertes

Der Faulbaum kommt in fast ganz Europa vor. Er findet sich vor allem in Bruch- und Auwäldern, in Laubmischwäldern und an Waldrändern – ein Pioniergehölz, das bis in 1.400 Meter Seehöhe hinaufreicht.

Der Faulbaum ist ein raschwüchsiger, mehrstämmiger, unregelmäßig verzweigter Strauch, meist bis zu 3 Meter hoch; er kann aber auch bis zu einem 7 Meter hohen Baum hochwachsen. Daher kann der Faulbaum sowohl zu den Großsträuchern als auch zu den kleinen Bäumen gezählt werden.

Der Name „Faulbaum“ kommt daher, dass bei Verletzung der Rinde ein unangenehmer, fauliger Duft verbreitet wird.

Die Bezeichnung „Pulverbaum“ stammt aus jener Zeit, in der man bei der Schießpulverherstellung die Holzkohle dieses Baumes verwendet hat. Ausschlaggebend dafür war der geringe Aschengehalt. Eigens für die Schwarzpulverherstellung wurde der Faulbaum in vergangenen Zeiten in Kulturen gezogen.

Das Holz mit seinem gelben Splint und dem gelbroten Kern verwendet man für Drechselarbeiten.

Die fein geschnittene und länger als ein Jahr getrocknete Rinde wird – in vorsichtiger Dosierung – auch noch als Abführmittel verwendet.

Die Früchte werden von Vögeln gefressen und durch das Ausscheiden der Samenkerne vertragen.

Die Pflanze, vor allem Beeren, Blätter und Rinde, ist für den Menschen giftig!

Steckbrief

Andere Bezeichnungen: Gemeiner Faulbaum, Pulverbaum, Pulverholz.

Wissenschaftlicher Name: *Rhamnus frangula* oder *Frangula alnus*

Familie: Kreuzdorngewächse *(Rhamnaceae)*

Gattung: Kreuzdorn *(Frangula)*

Wuchshöhe: Raschwüchsiger, meist bis zu 3 Meter hoher Strauch, der aber auch bis zu einem 7 Meter hohen Baum hochwachsen kann.

Stamm: Graubraune Borke, im Alter längsrissig. Die Innenseite der Rinde erscheint „gelbgrün", Korkwarzen sind zahlreich. Die jungen, braun bis rötlich gefärbten Zweige sind kurz behaart, sonnseitig rötlich angelaufen und auf der Schattseite olivfärbig.

Frosthärte: winterhart

Geschlecht: zwittrig

Blüte und Frucht: Die Blüten treten aus den Blattachsen zu 2 bis 6 Büscheln hervor, grün, eher unscheinbar; Kelch glockig, mit 5 weißen Kelchblattzipfeln, der tiefsitzende Fruchtknoten ist freistehend.

Kugelige Steinfrüchte, von rot bis schwarz; bis 8 Millimeter Durchmesser; saftiger Fruchtkörper mit bis zu 3 flachen Steinkernen.

Knospen: Bis 6 Millimeter groß, eiförmig zugespitzt, zimtfarben und behaart; besitzen keine Knospenschuppen. Die eher anliegenden Knospen bestehen aus gefalteten, filzig behaarten, kleinen Blättchen.

Blütezeit: Mai bis August/September; Insektenbestäubung. Durch die lange Blütezeit erscheinen nebeneinander oft Blüten und bereits reifende Früchte an einem Zweig.

Fruchtreife: Juli bis Oktober

Wurzelsystem: Tiefwurzler

Blätter: Wechselständig, sommergrün. Blatt eher breit elliptisch, geht aber bis zu verkehrt-eiförmig. Blattstiel kurz und behaart. Oberseite dunkelgrün, Unterseite glänzend hellgrün. Blattrand glatt, leicht gewellt, Spitze vorn abgerundet.

Standort: In fast ganz Europa vorkommend.

Alter: bis 60 Jahre

Faulbaum-Rinde.

Sie scheint schmutzig grau, mit zahlreichen Korkwarzen.

Knospen des Faulbaumes.

Sie sind unbeschuppt, filzig, spiralig angeordnet. Die Endknospe ist wesentlich größer als die Seitenknospen.

Zierliche Blüten.

Die grünlich-weißen Blüten treten aus den Blattachsen hervor. Der Kelch ist glockenförmig.

Erste reife Früchte im Juli.

Es ist möglich, dass neben den Blüten bereits reife, schwarze Früchte am Baum stehen.

Blätter des Faulbaumes.

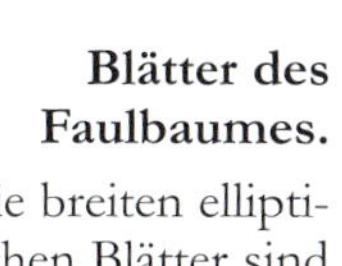

Die breiten elliptischen Blätter sind ganzrandig und leicht gewellt. 7 bis 9 Nervenpaare vereinigen sich am Rande.

Grün-Erle

Wissenswertes

Die Grün-Erle ist die einzige strauchartige Erlenart in Europa. Schwarz-Erle und Grau-Erle sind Bäume. Sie finden sich daher in der Fotofibel „Laubbäume", die in derselben Reihe erschienen ist.

Die Grün-Erle ist ein sommergrüner Strauch. Ihr Vorkommen ist vielfältig – von der Tallage bis hinauf in Höhenlagen von 2.800 Metern. Sie besiedelt die Gebirge Mittel- und Südosteuropas genauso wie solche in den Karpaten und auf Korsika. Sie kann Wuchshöhen von 3 bis 6 Meter erreichen und bis zu 110 Jahre alt werden.

„Laublatsche", nennt man die Grün-Erle auch. Dies deshalb, weil sie ähnlich der Latsche ausgedehnte Felder an den Gebirgshängen bildet, bis hinauf zur Waldgrenze, wo sie dann oft das oberste Stockwerk bildet. Anders als die Latsche steht die Grün-Erle aber auf feuchteren Standorten. Gebietsweise mischen sich Latschenfelder und Erlengebüschzüge auch.

Die Grün-Erle ist eine Pionierart mit einem hohen Stockausschlagvermögen. Sie wird gerne auf Lawinenhängen gepflanzt, wo sie zur Sicherung – nicht nur gegen Lawinen, sondern auch gegen Rutschungen – beiträgt. Ihre biegsamen Äste halten dem Schneedruck gut stand.

Großflächige Erlenbestände bilden im Sommer ruhige, für den Menschen teilweise unbegehbare Einstände für das Rotwild, wo es gerne die Jungtriebe verbeißt.

An manchen Standorten sind Grün-Erlen die Dauervegetation, etwa in Lawinenstrichen, wo kein Hochwald aufkommen kann.

Steckbrief

Andere Bezeichnungen: Alpenerle, Bergerle, Laublatsche, Luttastauden, Luttenigstauden.

Wissenschaftlicher Name: *Alnus viridus*

Familie: Birkengewächse *(Betulaceae)*

Gattung: Erlen – einzige strauchförmige Erlenart in Europa.

Wuchshöhe: Sommergrüner, selten als Kleinbaum ausgebildeter Strauch bis 6 Meter Höhe.

Stamm: Durchmesser kaum mehr als 10 Zentimeter; Rinde der Jungzweige zuerst hellgrün, im Alter dunkelgrau bis schwarz mit braunen Korkwülsten (Lentizellen), ansonsten glatt.

Frosthärte: Bis minus 30° C, jedoch spätfrostempfindlich.

Geschlecht: Blüten eingeschlechtlich

Blüte und Frucht: Männliche Kätzchen werden bereits im Herbst angelegt, ungestielt, zu zweit und zu dritt, dick, 6 bis 12 Zentimeter lang; weibliche langgestielt in Büscheln, klein, grün, klebrig und später sich rötlich verfärbend, rund 1 Zentimeter lang; länglich, zu dritt bis zu fünft am Zweig. Früchte sind kleine Zapfen, die wintersüber stehenbleiben und sich dann schwarz verfärben. Nussfrüchte schmal geflügelt. Männliche Blütenstände sichtbar, weibliche in Knospen verborgen.

Knospen: Spitz; 1 bis 1,5 Zentimeter lang, nicht gestielt, Deckschuppen klebrig, am Beginn des Austriebes grünlich, oft auch bräunlich gefleckt, später grün-braunviolett.

Blütezeit: Mit Laubausbruch – April bis Juni.

Fruchtreife: Oktober/November

Wurzelsystem: Flachwurzler

Blätter: Sommergrün, wechselständig angeordnet, breit eiförmig bis rund, doppelt gesägt, 3 bis 8 Zentimeter lang; zugespitzt; Oberseite dunkelgrün, Unterseite heller.

Standort: In den Alpen Pioniergehölz, das sehr lange eine hohe Schneedecke erträgt und somit mit den Latschen verglichen werden kann; in den Alpen meist zwischen 1.300 und 2800 Meter zu finden.

Alter: bis 110 Jahre

Typischer Standort der Grün-Erle.

Der sommergrüne Strauch ist eine Pionierpflanze. Hier dient die Grün-Erle der Böschungssicherung einer Forststraße.

Rinde.

Rinde der Jungtriebe ist grau bis rötlich mit zahlreichen „Lentizellen".

Knospen der Grün-Erle.

Die Knospen sind spiralig angeordnet, klein, grau bis rötlich, mit hellen Korkwarzen.

Die Grün-Erle ist einhäusig.

Hier sieht man sowohl männliche Kätzchen als auch langgestielte weibliche Blüten.

Unreife Zäpfchen.

Noch sind die Zäpfchen grün. Die Blätter sind breit eiförmig bis rund.

Reife Zäpfchen.

Verholzte, reife Zäpfchen, deren Inhalt kleine flache Nüsschen sind.

Hartriegel

Wissenswertes

Der (Rote) Hartriegel ist ein sommergrüner Strauch, welcher in Europa häufig vorkommt. Er ist recht anspruchslos. Man findet ihn gern in Auen, Hecken, an Waldrändern, Ufern oder trockenen Hängen. Er wächst bis in rund 1.200 Meter Seehöhe.

Der Name „Roter“ Hartriegel mutet seltsam an, weil der Strauch blauschwarze Früchte trägt. Woher dann der Name? – Im Winter, wenn das Laub abgefallen ist, fallen die jungen, der Sonne zugeneigten Zweige des Roten Hartriegel auf, denn sie leuchten rot…

Die Früchte enthalten Vitamin C und werden gern von Singdrossel, Amsel, Wacholderdrossel, Rotkehlchen, Blaumeisen und Fasan angenommen und auch verbreitet.

Das Bild links zeigt einen blühenden Hartriegel im Mai. Er steht in einer langen Reihe mit anderen Hartriegelsträuchern. Hier hatten Vögel die schmackhaften Beeren verzehrt und über den Kot die Sämereien entlang des Zaunes „ausgesät“.

Der Hartriegel ist trägwüchsig und bildet reichlich Stockausschlag, Wurzelsprosse und Absenker. Sein Holz ist sehr fest, es wird zu Drechselarbeiten verwendet. Früher fertigte man Türriegel aus dem harten Holz – daher „Hartriegel“. Gerade Loden *(Lode = junges Stämmchen)* werden zu Spazierstöcken verarbeitet. Die jungen, elastischen Zweige verwendete man für Ladstöcke bei Gewehren und für Pfeifenröhren.

In der Gartengestaltung wird der Hartriegel häufig eingesetzt. Mit seinen weit ausladenden Trieben ist er ein ausgezeichnetes Windschutz- und wertvolles Vogelstrauchgehölz.

Nahe verwandt ist die wärmeliebende Kornelkirsche, die auch „Dirndlstrauch“ oder „Gelber Hartriegel“ genannt wird.

Siehe Seite 55!

Steckbrief

Andere Bezeichnungen: Roter Hornstrauch, Hartbaum, Rotgerte, Schusterholz, Heckenbaum.

Wissenschaftlicher Name: *Cornus sanguinea*

Familie: Hartriegelgewächse *(Cornaceae)*

Gattung: Hartriegel *(Cornus)*

Wuchshöhe: 2 bis 4 Meter

Fruchtart: Erbsengroße, blauschwarze, bittere Steinfrüchte.

Frosthärte: Empfindlich gegen Spät- und Frühfröste.

Geschlecht: zwittrig

Blütezeit: Mai/Juni

Blüte: Weiß, vierblättrig, wohlriechend und in Trugdolden ausgebildet; 20 bis 50 Blüten in bis 5 bis7 Zentimeter großer Schirmrispe; Bienenweide.

Knospen: Gegenständig, seitlich kurz gestielt, stark angedrückt, Zweige einseitig dunkelpurpurrot.

Samenreife: August bis Oktober; Same liegt über.

Blätter: Gegenständig; gestielt, breit elliptisch, kurz zugespitzt, ganzrandig mit welligem Rand; deutliche Blattnerven; oben lebhaft grün, unten etwas heller; locker behaart, bis 10 Zentimeter lang, mit 3 bis 5 Paaren erhabener, gebogener Seitennerven.

Standort: Bevorzugt kräftigen, lockeren, kalkhaltigen Boden, kommt aber auch auf kalkarmen Böden vor; rauchunempfindlich.

Alter: 30 bis 40 Jahre

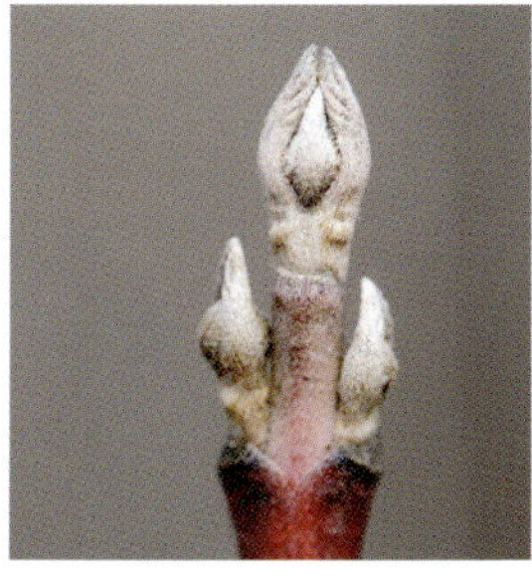

Hartriegel-Knospen.

Endknospen sind meist größer als die gegenständigen Seitenknospen.

Blüten.

Die reichblütigen, weißen Trugdolden bieten im Mai/Juni einen herrlichen Anblick und eine Nahrungsquelle für viele Insekten.

Blätter des Hartriegel.

Gegenständig, gestielt, breit elliptisch, kurz zugespitzt, mit welligem Rand, deutliche Blattnerven.

Reife Steinfrüchte.

Sie reifen zwischen August und Oktober., werden gern von Vögeln gefressen und die Samen „ausgesät".

Heckenpflanze.

Der Hartriegel wird auch gern als Hecke kultiviert.

Haselnuss

Wissenswertes

Der Haselnussstrauch hat die letzte Eiszeit in Südeuropa überdauert und ist nachher wieder nach Mitteleuropa zurückgekehrt. Zwischen 6.800 bis 5.500 vor unserer Zeitrechnung war er bei uns so stark vertreten, dass diese Epoche erdgeschichtlich auch „Haselzeit“ genannt wird.

Neben den Erlen und Weiden sind im Frühjahr die Haselblüten die ersten Pollenspender für Bienen.

Das Ausschlagvermögen des Haselstrauches ist so groß, dass er in völlig heruntergewirtschafteten Niederwäldern das letzte nutzbare Holzgewächs darstellt. Sein rötlich-weißes Holz ist weich aber zäh und sehr elastisch. Darum wird die Hasel gerne als Bergstock, Spazierstock, zur Erzeugung von Pfeil und Bogen und von Körben verwendet. Das Holz wurde auch als Brennholz genutzt; Kohle davon war ein beliebtes Zeichenmaterial. Berühmt waren auch die Haselzäune für die Abgrenzung von Viehherden.

Die Hasel findet man an Waldrändern und in Hecken, sie wird aber auch wegen ihrer Nüsse kultiviert. Haselnüsse werden nämlich zu Speiseöl und fürs Backen weiterverarbeitet.

Haselsträucher spielten im Aberglauben und in der Mythologie eine wichtige Rolle. Da Haselnüsse oft paarweise wachsen, verehrte man diesen Strauch als Symbol glücklicher Ehen.

Die Nüsse werden von vielen Vogelarten angenommen. Und wenn die Nüsse einmal auf dem Boden liegen, machen sich auch Reh, Hirsch und Co darüber her. Die frischen Blätter sind nicht nur für uns Menschen als Salat genießbar, sondern werden auch gerne von allem Schalenwild angenommen – wie von der Rehgeiß links im Bild.

Steckbrief

Andere Bezeichnungen: Gemeine Hasel, Haselstrauch, Haselnussstrauch.

Wissenschaftlicher Name: *Corylus avellana*

Familie: Birkengewächse *(Betulaceae)*

Gattung: Hasel *(Corylus)*

Wuchshöhe: Mittel- bis Großstrauch bis 7 Meter Höhe, selten Kleinbaum bis zu 10 Meter.

Stamm: Buschiger Strauch, vom Boden bereits reich verzweigt.

Fruchtart: Haselnüsse, zu 2 bis 3; braun, am Grund hell, hartschalig und von einer becherartigen, zerschlitzten Hülle umgeben.

Frosthärte: frosthart

Geschlecht: Zwittrig, einhäusig – also männliche und weibliche Blüten auf demselben Baum.

Blütezeit: Februar bis April

Blüte: Männliche als Kätzchen zu zweit bis viert an Kurztrieben, schlaff hängend, werden bereits im Sommer des Vorjahres gebildet. Weibliche Blüten zu zweit bis fünft in knospenartigen Hüllen, mit roten Narbenbüscheln. Je zwei Narben gehören zu einem Fruchtknoten.

Samenreife: August bis Oktober. Die Nüsse fallen gleich nach der Reife ab und bleiben nur bis zum nächsten Frühjahr keimfähig.

Wurzelsystem: Flachwurzler; hoher Wurzelausschlag.

Blätter: Wechselständig, zweizeilig, nur an kräftigen Trieben ringsum stehend; rundlich, Grund herzförmig, kurz gespitzt, doppelt gesägt; unterseits stark hervorstehendes Adernnetz; Ober- und Unterseite weich; Nerven und Stiele drüsig behaart.

Standort: Lichtliebend, jedoch einige Beschattung ertragend. Bevorzugt kräftigen, frischen, lockeren Boden, meidet armen Sand- und Sumpfboden.

Alter: 60 bis 70 Jahre

Weibliche Blüte der Hasel.

Die weiblichen Blüten sind laubknospenähnlich mit roten Narbenbüscheln.

Männliche Kätzchen.

Erst bräunlich, dann gelb – die hängenden männlichen Kätzchen.

Frucht und Blatt.

Kerne der Haselnuss, meist 2 bis 3. Die Blätter sind rundlich mit Spitz.

„Alpenstange".

Ein elastischer und fester Bergstock aus Hasel leistet wertvolle Dienste.

Heckenkirsche

Wissenswertes

Die Heckenkirsche kommt an Waldrändern, in Gebüschen und als Unterholz in lichten Wäldern vor, auch als Ziergehölz in Parks und Gärten. Ihr Holz ist gelblich, schwer, sehr hart und äußerst zäh. Es wird für Pfeifenröhren, Peitschenstiele, Besen und Drechslerwaren verwendet.

Die Heckenkirsche wird nicht vom Wild verbissen.

Blätter der Heckenkirsche. Die Blätter sind breit, eiförmig, meist spitz und am Grunde abgerundet. Blätter und Stiel sind flaumig behaart.

Beeren.
Die paarweisen Beeren der Heckenkirsche sind glasig scharlachrot, kugelförmig und ungenießbar.

Knospen.
Die Knospen sind gegenständig, lang kegelförmig, vielschuppig und an der Spitze zottig.

Steckbrief

Andere Bezeichnungen: Gemeine Heckenkirsche, Gemeines Geißblatt, Rote Heckenkirsche, Beinholz, Besenstrauch.

Wissenschaftlicher Name: *Lonicera xylosteum*

Familie: Geißblattgewächse *(Caprifoliaceae)*

Gattung: Heckenkirschen *(Lonicera)*

Wuchshöhe: 1 bis 3 Meter

Stamm: sommergrüner Strauch

Fruchtart: Beerenfrüchte; kugelförmig, glasig scharlachrot, 5 bis 7 Millimeter groß, paarweise; bitter, ungenießbar.

Geschlecht: zwittrig, einhäusig

Blütezeit: Mai/Juni

Blüte: Paarweise auf flaumhaarigem Stiel; anfangs weißlich, später gelb.

Knospen: Gegenständig; langkegelförmig, grau oder gelblich, vielschuppig, an der Spitze zottig; seitlich sitzend, abstehend, oft mit Beiknospen.

Samenreife: Juni/Juli

Wurzelsystem: Flachwurzler

Blätter: Gegenständig; breit, eiförmig, meist spitz, am Grund abgerundet; weich, ganzrandig, am Rande bewimpert, kurzgestielt, beiderseits samt Stiel flaumhaarig; Oberseite dunkelgraugrün, Unterseite heller.

Standort: Frische, kräftige, kalkhaltige Böden. Kommt vom Tiefland bis in Gebirgslagen vor.

Heckenrose
(Hagebutte)

Wissenswertes

Die Heckenrose kennt man auch unter den Bezeichnungen „Hagebutte", „Hundsrose", „Hagrose", „Hainrose", „Dornröschen" oder „Frauenrose". Launig wird sie, wohl wegen ihrer kräftigen Stacheln, auch als „Arschkitzler" bezeichnet. Der Name „Hagebutte" stammt von den Worten „Hag" für dichtes Gebüsch und „Butzen" für Klumpen, Batzen. Wissenschaftlich heißt sie *Rosa canina*. Das Wort „Rosa" ist der lateinische Name der Pflanze und „canina" heißt so viel wie hundsgemein, was bedeutet, dass man die Hagebutte so gut wie überall finden kann.

Die Blütezeit der Hagebutte liegt im Juni. Die Blüten stehen einzeln oder zu vielen zusammen. Die fünf Kronblätter sind rosafarben bis weiß.

Die Hagebutte eignet sich gut für die Befestigung steiler Böschungen in Südlagen und zur Begrünung von Ödland nach Materialabbau.

Aus den roten Früchten, auch „Hetschepetsch" genannt, welche fünfmal so viel Vitamin C wie Zitrone haben, wird Saft, Marmelade oder auch Schnaps gewonnen. Tee aus Hagebutten ist beliebt gegen Frühjahrsmüdigkeit, gegen Infektionskrankheiten, Fieber und Nierenleiden. Tee aus Blütenblättern findet Verwendung gegen Magenkrämpfe.

In der Gartengestaltung sind mit den unterschiedlichen Rosenarten viele Varianten möglich.

Heckenrosen stellen eine hervorragende Bienenweide dar.

Steckbrief

Andere Bezeichnungen: Hundsrose, Hagrose, Hainrose, Hagebutte, Arschkitzler, Dornröschen, Frauenrose.

Wissenschaftlicher Name: *Rosa canina*

Familie: Rosengewächse *(Rosaceae)*

Gattung: Rosen *(Rosa)*

Wuchshöhe: 3 Meter

Stamm: Aufrechter, raschwüchsiger Strauch mit weit ausladenden und bogig überhängenden Zweigen, manchmal kletternd.

Fruchtart: Nussfrüchte

Frosthärte: frosthart

Geschlecht: zwittrig, einhäusig

Blütezeit: Mai bis Juli

Blüte: Groß, schalenförmig, wohlriechend, rosa, manchmal bis weiß.

Knospen: Spiralig angeordnet, rundlich, stumpf, rötlich, schief abstehend; Triebe mit großen gekrümmten Stacheln (nicht Dornen).

Samenreife: ab September

Blätter: Wechselständig, mit 5 bis 7 Fiederblättchen; Fiederblättchen dünn, elliptisch, einfach bis doppelt gesägt, frischgrün, oberseits kahl, unterseits manchmal etwas behaart; Blattstiele etwas bestachelt, mit angewachsenen Nebenblättchen.

Standort: Bevorzugt dichtere kalkhaltige Böden und kommt in dichten Laubwäldern, an Waldrändern, in Hecken, Feldgehölzen und Gebüschen vor.

Stacheliger Stamm.

Aufgrund der Stacheln wird die Heckenrose auch als „Arschkitzler“ bezeichnet.

Wechselständige Blätter.

Die Blätter sind kahl, die Blattstiele allerdings etwas behaart.

Hagebutten-Blüte.

Die Blüten stehen einzeln oder zu vielen und sind rosa bis weiß.

Hagebutte – die Frucht.

Die scharlachroten Hagebutten werden zu Marmelade verarbeitet.

Himbeere

Wissenswertes

Die Himbeere findet man wildwachsend gern als Waldpionier auf Kahlflächen in sonnigen bis halbschattigen Lagen. Sie vermehrt sich rasch und stark durch Wurzelbrut. Die Frucht, als Wildobst gesammelt, ist reich an Vitamin C und an Kohlehydraten. Sie schmeckt aromatisch süß. Abgesehen von den Beeren werden auch die Blätter und junge Triebspitzen gesammelt.

Himbeersirup, Marmelade, Kompott, Himbeersaft, Obstwein oder Himbeeressig wirken herzstärkend und gegen Fieber. Himbeeren sind eine ideale Diätkost für Zuckerkranke und Nierenkranke sowie für Rheumatiker. Der Himbeerblättertee ist auch Bestandteil zahlreicher Blutreinigungstees.

Man sieht: Die Himbeere wird vom Menschen sehr vielfältig genutzt. Dementsprechend zahlreich sind auch die volkstümlichen Bezeichnungen in den unterschiedlichsten Gebieten: der Bogen reicht von „Imper“ über „Hindlbeer“, „Hummelbeer“ bis hin zu „Holbeer“. Es könnten aber noch viele weitere Volksnamen für die Himbere genannt werden.

Seinen Ursprung hat der deutsche Name der Himbeere im Althochdeutschen: *Hintperi* entwickelte sich durch Lautangleichung zu „Himbeere“, wobei sich *Hintperi* aus dem altnordischen und angelsächsischen Ausdruck *hind* („Hirschkuh“) ableitete. Himbeere bedeutet also „Beere der Hirschkuh“.

Die ursprüngliche Bezeichnung hat einen tieferen Sinn: Denn die Himbeere – nicht nur die Frucht, sondern auch Knospen und Triebe – wird gern von allem Schalenwild angenommen. Sie ist aber auch eine ausgesprochen beliebte Vogelnahrung, die ihr eine weitere Bezeichnung im Volksmund eingetragen hat: „Hendelbeere“.

Steckbrief

Andere Bezeichnungen: Haarbeere, Hendelbeere, Mutterbeere, Waldbeere, Imper, Hindlbeer, Hummelbeer, Holbeer.

Wissenschaftlicher Name: *Rubus ideaeus*

Familie: Rosengewächse *(Rosaceae)*

Gattung: *Rubus*

Wuchshöhe: bis 2 Meter

Stamm: Halbstrauch, kein eigentliches Holzgewächs.

Fruchtart: Steinfrucht. Rote, samtige Sammelfrüchte mit vielen glatten Steinkernchen; saftig, schmackhaft, reif sich vom Blütenboden ablösend.

Frosthärte: frosthart

Geschlecht: zwittrig, einhäusig

Blütezeit: im 2. Jahr Mai/Juni

Blüte: Weiß, nickend, in wenigblütigen Trugdolden; Kronblätter schmal keilförmig, zusammengeneigt; Kelchblätter nach der Blüte zurückgeschlagen.

Knospen: Spiralig angeordnet; spitz, lang, von hellbraunen Schuppen umhüllt, auf vorspringenden Blattkissen; Triebe mit zahlreichen, kleinen, weichen Stacheln oder stacheligen Höckern.

Samenreife: Juli/August

Wurzelsystem: Flachwurzler; Wurzelstock ausdauernd; Wurzelbrut.

Blätter: Die Blätter sind 3- bis 7-fiedrig, die einzelnen Blättchen am Rande gesägt und unterseits weiß-filzig.

Standort: Sonnig, verträgt Schatten; gedeiht auf allen nicht zu trockenen bis feuchten, nährstoffreicheren Substanzen: in Gebüschen, Hecken, Wäldern, besonders auf Waldschlägen mit fruchtbarem, humosem Boden. Von der Ebene bis in die Alpen bis 1.850 Meter Seehöhe.

Alter: zweijährig

Himbeer-Knospen.

Die Knospen sind spiralig an den Trieben angeordnet. An ihnen befinden sich kleine weiche Stacheln.

Blüten.

Die weißen Blüten bieten eine gute Bienenweide. – Kelchblätter sind nach der Blüte zurückgeschlagen.

Grobgesägte Blätter, rote Frucht.

Die Blätter sind unterhalb weiß filzig. Die Beerenfrüchte sind sehr begehrt.

Beliebte Haselhuhn-Äsung.

Knospen und Triebe werden gerne von vielen Wildarten genommen.

Schwarzer **Holunder**

Wissenswertes

Im Volksmund wird der Schwarze Holunder auch als „Apotheke Gottes“ bezeichnet. Aus diesem Grund steht auch bei jedem Bauernhaus ein Holler – manchmal wächst er sogar in verfallenden Gebäuden. – Seine Heilwirkung erkannte bereits vor mehr als 2.000 Jahren Hippokrates, der berühmteste Arzt des Altertums und Vater der modernen Medizin.

Von der Blüte bis zur Rinde sind alle Teile des Schwarzhollers verwendbar. Gegendweise werden die Blüten in Omeletteteig zu sogenannten Hollerstrauben ausgebacken. Aus den Früchten wird Saft, Gelee, Wein und Schnaps erzeugt. Die Hollerbeeren enthalten Vitamin C in Begleitung von Vitamin I und reinigen als Saft oder Mus den Magen sowie den Darm.

Bis vor nicht allzu langer Zeit wurde der Beerensaft zum Färben von Stoffen verwendet, manchmal auch von zu hellen Rotweinen. Bis heute schätzt man Tees aus Holler. Tee wird gebraut aus dem Mark bei Augenleiden, aus den Blüten bei Brust-, Rippenfell- und Brustdrüsenentzündungen, als schweißbildendes harntreibendes Mittel, dann aus Blüten in Mischung mit Lindenblüten und Kamillenblüten gegen Heiserkeit, gegen Schnupfen, Katarrhe, auch in Mischung mit Gartenmalvenblüten und Salbeiblättern; darüber hinaus verwendet man Tee aus Jungrinde und Wurzeln als Abführmittel, zur Blutreinigung oder zur Hormondrüsenanregung.

Der Schwarze Holunder ist eine gute Vogelnahrung für Rotkehlchen, Rotschwanz, Amseln und Drosseln.

Das Holz ist kernlos, gelblichweiß, hart, glänzend, fest, mit stark ausgebildetem weißem Mark. Da sich das Mark leicht entfernen lässt, eignet sich das Rohr gut zur Anfertigung von Flöten.

Steckbrief

Andere Bezeichnung: Holder, Holunder, Holler, Falscher Flieder.

Wissenschaftlicher Name: *Sambucus nigra*

Familie: Moschuskrautgewächse *(Adoxaceae)*

Gattung: Holunder *(Sambucus)*

Wuchshöhe: Großstrauch – 7 Meter und mehr.

Stamm: Durchmesser bis zu 40 Zentimeter.

Fruchtart: Beerenartige Steinfrüchte (Hollerbeeren); zuerst dunkelrot, reif dann schwarz; klein-kugelig, dunkelrot gestielt, glänzend, mit rotem Saft und kleinem Kern.

Frosthärte: unempfindlich

Geschlecht: zwittrig

Blütezeit: Mai/Juni

Blüte: Klein, gelblich-weiß; fünfzählig; in großen fünfstrahligen, vielblütigen, anfangs aufrechten, endständigen Ebensträußen; stark eigenartig duftend.

Knospen: Gegenständig; kahl, nur am Grund locker beschuppt.

Samenreife: August bis September

Wurzelsystem: Flachwurzler

Blätter: Gegenständig; meist mit 5 Fiederblättchen; diese fast sitzend, elliptisch, zugespitzt, dünn, grob und scharf gesägt; glanzlos, oberseits dunkelgrün, unterseits heller; Endblättchen größer.

Standort: Frischer humoser Boden. Als Unterholz in Wäldern, Hecken, Gräben und Wegrändern wachsend. In der Ebene vorkommend, aber auch in die Alpen bis 1.600 Meter Seehöhe steigend.

Alter: Verjüngt sich immer wieder, da sehr ausschlagfähig.

Nicht verwechseln!

Zwerg-Holunder

Er ist eine krautige Pflanze mit Wuchshöhen von maximal 1,5 Meter und gleichsam die „kleine Ausgabe" des Schwarzhollers. Alle seine Teile sind giftig, hauptsächlich jedoch die Samen der Beeren. Isst man die Früchte, gibt's Übelkeit und Durchfall.

Knospen.

Sie sind gegenständig; an den Ästen erkennt man rostfarbene Rindenporen.

Blüten des Schwarzen Holunders.

Die stark duftenden Blüten werden mancherorts in der Küche zu Hollerstrauben veredelt. Blütezeit: Mai/Juni.

Frucht und Blatt.

Die kugeligen Beeren geben einen blutroten Saft frei.
Blätter: gegenständig; Fiederblätter.

Fegestelle.

Auch der Rehbock weiß den Holler zu nutzen. Hier sieht man eine Fegestelle.

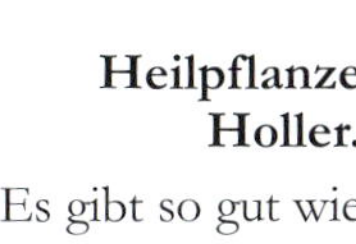

Heilpflanze Holler.

Es gibt so gut wie keinen Bauerngarten ohne die „Apotheke Gottes“.

Trauben-**Holunder**

Wissenswertes

Der Trauben-Holunder *(Sambucus racemosa)*, auch Roter Holunder, Hirsch-Holunder oder Berg-Holunder genannt, wächst auf lehmig-sandigen, frischen, nährstoffreichen Böden, an Waldrändern, in sonnigen Lagen. Er ist in den Alpen bis 1.700 Meter Seehöhe zu finden, in der Ebene jedoch kaum anzutreffen.

Er gilt als Pioniergehölz auf Schlägen, ist aber empfindlich gegenüber Trockenheit. Sowohl die Blätter als auch die jungen Triebe des Trauben-Holunders werden gerne vom Schalenwild als Äsung angenommen, wobei der Name „Hirschholunder" aber von der zimtbraunen Färbung des Marks stammt. Die roten Beeren *(siehe linke Seite unten)* dienen auch den Waldhühnern als Abwechslung im Speiseplan; die Samen werden insgesamt von den Vögeln gut vertragen.

Das Fruchtfleisch der roten Hollerbeeren enthält Vitamin C, B1, B2, und B3 sowie reichlich organische Säuren; die Samen enthalten fette Öle, welche allerdings erst nach langwierigem Kochen gewonnen werden.

Blätter und Blüte des Roten Holunders.
Kurz gestielte Fiederblättchen, meist sind es 5. Die Blüten sind klein, gelb bis leicht grün, in dichten eiförmigen Rispen aufrechtstehend.

Zimtbraunes Mark.
Die Färbung des Marks ist ein gutes Merkmal fürs Erkennnen.

Kornelkirsche

Wissenswertes

Die jahreszeitlich sehr früh eintretende Blüte der Kornelkirsche – auch „Dirndlstrauch“ genannt – ist eine außerordentlich wertvolle Bienenweide.

Ihr Holz hat einen weißlich-gelblichen bis leicht rötlich-weißen Splint und einen rotbraunen, sehr dunklen Kern. Es ist sehr schwer, schwimmt nicht im Wasser, ist überhaupt das schwerste in Europa bekannte Holz. Die Dichte erreicht im trockenen Zustand 850 bis beinahe 1.000 kg/m^3.

Bereits zu Beginn des 20. Jahrhunderts hat sich Dr. Gabriel Janka an der k.u.k. Forstlichen Versuchsanstalt in Mariabrunn, Wien, Gedanken über die Härte des Holzes gemacht. Janka verwendete zum Prüfen eine Stahlkugel mit einer Querschnittsfläche von 1 Quadratzentimeter. Diese wurde zur Hälfte in das Stirnholz (das heißt in Längrichtung des Holzes) eingedrückt. So wies die Fichte eine Härte von 265 kg/cm^2, die Eiche 651 und die Rotbuche 781 auf. Wie herausragend jedoch die Härte der heute kaum mehr genutzten Kornelkirsche ist, zeigte der Test mit einem Härtewert von 1.456 kg/cm^2!

Verwendet wurde das Holz der Kornelkirsche früher in der Drechslerei, ebenso in der Kunsttischlerei, zum Beispiel für Zahnräder von Wanduhren. Astlose, gerade gewachsene Triebe wurden zu Spazierstöcken verarbeitet.

Die Früchte der Kornelkirsche sind stark Vitamin B- und C-haltig. Die Rinde beinhaltet Gerbstoffe, die einst genutzt wurden. Aus den Früchten werden Marmelade, Sirup, Likör und andere Spirituosen („Dirndlbrand“) hergestellt.

Aufgrund der attraktiven Farbe – gelbliches bis rötliches Herbstlaub – wird die Kornelkirsche gern als Zierstrauch gesetzt.

STECKBRIEF

Andere Bezeichnung: Dirndlstrauch, Hornstrauch, Gelber Hartriegel, Herlitze, Dirlitze.

Wissenschaftlicher Name: *Cornus mas*

Familie: Hartriegelgewächse *(Cornaceae)*

Gattung: Hartriegel *(Cornus)*

Wuchshöhe: 6 bis 8 Meter

Stamm: 9 bis 12 Zentimeter im Durchmesser; kann aber durchaus auch baumähnliche Stärke bis zu 20 Zentimeter im Durchmesser erreichen.

Borke: Stamm leicht korkig (Lentizellen); faserige, blättrig aufreißende Rinde; an den Zweigen grün, vierkantig; junge Triebe behaart.

Fruchtart: Rote, etwa 20 Millimeter lange, eiförmige, hängende Steinfrucht mit großem 2-samigen Kern; reif leicht säuerlich.

Frosthärte: winterhart

Geschlecht: zwittrig

Blüte: Februar bis April, vor Laubaustrieb; kleine, gelbe, vierzählige Blüten, zuerst von 4 gelblich-grünen Hüllblättern umgebene Dolden.

Knospen: Gegenständig; Blattknospen zweischuppig, graufilzig und abstehend; Blütenknospen kugelig, gelblich, mehrschuppig und gestielt.

Fruchtreife: Ende August bis Mitte September

Wurzelsystem: Herzwurzler

Blätter: Gegenständig; gestielt, lang, elliptisch und zugespitzt; Oberseite glänzend, Unterseite etwas heller grün; ganzrandig; Blattaustrieb im April; an der Unterseite in den Nervenwinkeln weißliche Haarbüschel. 3 bis 5 bogenförmige, zur Blattspitze verlaufende Nervenpaare. Im Herbst gelbe bis rötliche Blattfärbung.

Standort: Die Kornelkirsche ist trägwüchsig, liebt humosen Boden; aber auch felsiger, kalkhaltiger Untergrund möglich. In Flussniederungen bis in die Mischwälder als Unterholz anzutreffen. Auch Zierstrauch.

Alter: Bis zu 100 Jahre. Entwickelt sich im Alter zu einem Baum mit meist runder Krone.

Stamm der Kornelkirsche.

Die blättrig aufreißende Rinde kommt erst im hohen Alter vor.

Blütenknospe.

Aufspringende Knospe des Blütenstandes. Die Blütenknospen sind kugelig, gelblich, mehrschuppig und gestielt.

Dirndlstrauch-Blüte.

Die Blüte der Kornelkirsche – kleine, gelbe, 4-zählige, von 4 Hüllblättern umgebene Dolden.

Blätter der Kornelkirsche.

Die Blätter sind elliptisch zugespitzt, ganzrandig und spitz – mit deutlichen Nervenpaaren.

„Dirndlbeeren“.

Die Steinfrüchte sind kirschrot, zweisamig, und stark vitaminhältig.

Essfertige Früchte.

Die Früchte werden für Marmelade, Sirup und Schnaps verwendet.

Liguster

Wissenswertes

Der Gewöhnliche Liguster ist die einzige in Europa heimische Liguster-Art. Er ist ein sommergrüner Strauch mit stark rutenähnlicher Verzweigung. Seine Blätter, die im Herbst bis tief-violett erscheinen, behält er allerdings oft bis ins nächste Frühjahr.

Das Holz des Ligusterstrauches ist sehr fein strukturiert, der Kern ist dunkelbraun bis violett und der Splint ist weiß. Das Holz selbst in der Struktur ist hart bis nahezu beinhart, fest und sehr zäh. Die Dichte des Holzes dieses Strauches liegt bei lufttrockenem Holz zwischen 870 und 950 Kilogramm pro Kubikmeter, die Druckfestigkeit bei rund 60 Newton pro Quadratmillimeter. Das Holz ist schwer spaltbar, aber gut bearbeitbar, das heißt gut schneid- und drehbar.

Die Verwendbarkeit der einzelnen Teile des Ligusters: Die jungen biegsamen Zweige werden gerne für Korbarbeiten verwendet. Die weitere Verwendung dieses Holzes lag in der Schuhnagelerzeugung sowie in der Herstellung von Rechen- und Eggenzähnen sowie Werkzeuggriffen. Stärkere Stämme werden für Drechselarbeiten verwendet.

Weiters finden die (giftigen!) reifen Beeren Verwendung, und zwar in der Herstellung von Naturfarben, beispielsweise für das Einfärben von Wolle. Da bildet sich ein tiefblauer Farbton. Neben den reifen Beeren werden aber auch die Blätter, die gelben Zweige und die Rinde zum Färben verwendet, wodurch sich ein Gelbton ergibt.

Ligusterblätter dienen als Raupennahrung für Schmetterlinge, etwa für Totenkopf-, Linden- und Ligusterschwärmer.

Der Strauch wird gern in Hecken angepflanzt, da er sehr schnittverträglich ist.

Steckbrief

Andere Bezeichnung: Gemeiner Liguster, Gewöhnlicher Liguster, Rainweide, Tintenbeerstrauch, Grießholz, Zaunriegel.

Wissenschaftlicher Name: *Ligustrum vulgare*

Familie: Ölbaumgewächse *(Oleaceae)*

Gattung: Liguster

Wuchshöhe: Sommergrüner, 1 bis 4 Meter hoher Strauch mit starker, rutenähnlicher Verzweigung.

Stamm: Im Jugendstadium olivgrün, glatt; später grau mit Korkwarzen. Sehr trägwüchsig und daher auch nicht besonders stark.

Fruchtart: Erbsengroße, kugelige Steinbeeren, die zuerst grün, dann in der Vollreife schwarz glänzend über den ganzen Winter am Strauch hängenbleiben. Die Früchte sind 2- bis 4-samig, für den Menschen ungenießbar, aber beliebte Vogelnahrung. Das purpurrote Fruchtfleisch ist violett färbend, die Samen sind violettbraun.

Frosthärte: winterhart

Geschlecht: zwittrig

Blüte: Weiß, klein, 4-teilig, in endständigen Rispen, ähnlich dem Flieder; unangenehm im Geruch. Blüht Juni/Juli.

Knospen: Spitz-eiförmig; oft schief gegenständig oberhalb hervortretender Blattnarben angeordnet; gekielt und kahl, mehrschuppig und dunkelgrün bis schwarz gefärbt.

Samenreife: August/September

Wurzelsystem: Ausgeprägt; gut für Böschungsbefestigung.

Blätter: Gegenständig oder 3 im Quirl; ungeteilt, 3 bis 7 Zentimeter lang; lederartig; im Umriss lanzettlich bis länglich elliptisch, am Ende eher zugespitzt; Blattstiel 6 bis 15 Millimeter lang; Oberseite der Blätter dunkelgrün, Unterseite hellgrün; nicht behaart; stark hervortretende Mittelader.

Standort: Von Tieflagen bis ins Gebirge, bis etwa 1.400 Meter; meist auf mäßig trockenen Böden; liebt nahrhafte, kalkhaltige Böden; kommt in lichten Waldungen vor.

Liguster-Stamm.

Im Jugendalter hat er noch eher eine glatte Rinde, erst im Alter Graufärbung und mit vielen Korkwarzen versehen.

Eiförmige Knospen.

Sie treten oberhalb der gut sichtbaren Blattnarben meist schief gegenständig auf.

Weiße Blüten.

Sie sind 4-teilig, stehen in endständigen Rispen, ähnlich dem Flieder, mit eher unangenehmem Geruch.

Gegenständige Blätter.

Die Blätter sind lederartig, bis zu 7 Zentimeter lang und stehen meist im Quirl.

Liguster-Beeren.

Die schwarzen kugeligen Steinbeeren bleiben über den Winter am Strauch.

Liguster im Januar.

Der sommergrüne Strauch behält die Blätter oftmals bis ins Frühjahr.

Sanddorn

Wissenswertes

Als Pionierstrauchart wächst der Sanddorn meist an Ufern größerer Flüsse und eignet sich zur Dünenbildung, zur Haldenbefestigung und Begrünung von Anlandungen.

Die Zweige weiblicher Sträucher mit Früchten liefern ein ansprechendes Schmuckreisig. Da die Beeren direkt an den Zweigen sitzen und von Dornen geschützt werden, gehören neben einem Korb für den Abtransport auch ein paar starke Arbeitshandschuhe zur Ernteausrüstung.

Die Früchte sind reich an Vitamin C und auch A und werden zur Herstellung von Saft und Marmeladen gesammelt. Sanddorn schützt vor Erkältungen, wirkt stärkend bei Anstrengungen und hilft bei Blutarmut.

Sein Holz hat einen schmalen, gelben Splint und einen lebhaften braunen Kern und wird für Drechselarbeiten verwendet.

Für Fasane ist der Sanddorn eine sehr beliebte Futterpflanze.

Seine Schönheit und vor allem der hohe Vitamingehalt seiner Beeren machen den Sanddorn zum idealen Zier- und Nutzstrauch. Für den Fruchtertrag ist es enorm wichtig, weibliche und männliche Sträucher zusammen zu pflanzen.

Steckbrief Seite 64!

Beeren des Sanddorns.
Die erbsengroßen Scheinbeeren sind reich an Vitamin C. Ihre Farbe ist gelblich bis auffallend orangerot.

Sanddorn-Hecke.

Pflanzt man eine Sanddornhecke, muss man immer Männlein und Weiblein setzen, sonst gibt es keine Früchte.

Knospen und Dornen.

Die Knospen sind spiralig angeordnet, und an den Zweigen befinden sich Seitendornen.

Sanddorn-Blätter.

Sie sind wechselständig und kurz gestielt; oberseits sind sie graugrün und unterseits silberweiß.

Steckbrief „Sanddorn“

Andere Bezeichnungen: Seedorn, Sandbeere, Stranddorn, Fasanbeere.

Wissenschaftlicher Name: *Hippophae rhamnoides*

Familie: Ölweidengewächse *(Elaeagnaceae)*

Gattung: Sanddorne *(Hippophae)*

Wuchshöhe: Bis 3 Meter; auch kleiner Baum bis 6 Meter Höhe.

Stamm: Sperriger Strauch mit rutenförmigen Zweigen.

Fruchtart: Scheinbeeren; beerenartige Steinfrüchte, orangerot bis gelb, erbsengroß, eiförmig, sehr saftig, essbar.

Frosthärte: frosthart

Geschlecht: eingeschlechtlich-zweihäusig

Blütezeit: Mai/Juni, vor Laubausbruch.

Blüte: Klein, unscheinbar, rotbraun oder gelblich; männliche büschelig, weibliche meist einzeln und mit vortretender Narbe.

Knospen: Spiralig angeordnet; klein, kugelig; meist zweiköpfig; glänzend rostrot. Zweige mit Seitendornen und dornspitzig.

Samenreife: September/Oktober

Wurzelsystem: Weitstreichende Wurzeln mit stickstoffbildenden Wurzelknäulchen.

Blätter: Wechselständig; kurz gestielt; schmal, lineal-lanzettlich; 50 bis 80 Millimeter lang; ganzrandig; oberseits graugrün, unterseits silberweiß beschuppt; meist mit rostfarbener Mittelrippe.

Standort: Sandige und schotterige Böden, an Flussufern und Meeresküsten.

Schlehdorn (Schwarzdorn)

Wissenswertes

Schlehdorn ist trägwüchsig, bildet reichlich Wurzelbrut und somit nahezu undurchdringbare Hecken. Er eignet sich gut zur Bindung gerölliger Halden und Hänge. In der Gartengestaltung ist er ein ideales Vogelschutz- und sehr wertvolles, hartes Windschutzgehölz. Er ist anspruchslos und hat durch häufigen Winter-Fruchtbehang einen hohen Zier- und Nahrungswert.

Früher wurde aus den Früchten Saft, Mus, Sirup, Marmelade, Wein, Essig und Likör erzeugt. Die Blüten mischte man mit verschiedensten Blättern anderer Pflanzen, was gegen Verstopfung helfen soll und das Blut reinigt, bzw. bei Nervenschwäche, Schlaflosigkeit und Schilddrüsenüber- und -unterfunktion hilft.

Das Holz hat einen rötlichen Splint und einen braunroten Kern. Stammholz wird gern von Drechslern und Instrumentenbauern verwendet.

Steckbrief „Schlehdorn"

Andere Bezeichnungen: Schwarzdorn, Schlehdorn, Schlehe, Schlehenbaum, Kratzdorn, Saudorn.

Wissenschaftlicher Name: *Prunus spinosa*

Familie: Rosengewächse *(Rosaceae)*

Gattung: Prunus

Wuchshöhe: 1 bis 3 Meter, selten bis zu 6 Meter.

Fruchtart: Etwa kirschengroße Steinfrüchte – „Schlehen"; schwarzblau, bereift; kurz gestielt, aufrecht; mit einem großen runzeligen Kern – nach Frost genießbar.

Frosthärte: frosthart

Geschlecht: zwittrig

Blütezeit: April/Mai

Blüte: Meist *vor* Laubausbruch. Klein, kurz gestielt, schneeweiß, wohlriechend; meist einzeln aus gehäuft stehenden Knospen entspringend.

Knospen: Knospen spiralig angeordnet; kugelig, sehr klein, vielschuppig; Blütenknospen an Kurztrieben mitunter dicht gehäuft.

Samenreife: September/Oktober

Wurzelsystem: Flachwurzler; Wurzelkriechpionier; treibt Wurzelschösslinge.

Blätter: Wechselständig; gestielt; breit lanzettlich, mit keilförmigem Grund und stumpfer Spitze; scharf gesägt, ziemlich weich; erst behaart, dann kahl; oberseits dunkelgrün, unterseits blassgrün.

Standort: Bevorzugt trockene, steinige, kalkhaltige Böden in sonnigen Lagen und kommt an Waldrändern, im Gebüsch und an steinigen Plätzen vor. Von der Ebene bis hinauf in Mittelgebirgslagen.

Alter: Mit 20 Jahren voll entwickelt; wird bis zu 40 Jahre alt.

Zweige und Knospen.
Seitliche Zweige sind meist dornspitzig und stehen rechtwinkelig ab. Kugelige Knospen, spiralig angelegt.

Schneeweiße Blüten.
Sie sind im April/Mai eine Pracht in der Landschaft – anders als der Weißdorn schon *vor* Laubaustrieb.

Die Früchte: „Schlehen".
Kirschgroße Steinfrüchte, erst nach dem ersten Frost genießbar.

Wichtige Winter-Vogelnahrung.
Die Früchte bleiben bis lang in den Winter hinein an den Ästen.

Gemeiner **Schneeball**

Wissenswertes

Die Rinde, Blätter und die rohen Früchte des Gemeinen Schneeballs sind für den Menschen giftig. Das Holz hat einen eher rötlich bis weißen Splint und zeigt gelblich-braunen Kern. Früher hat man aus den Stockausschlägen Spazierstöcke hergestellt.

Steckbrief

(siehe auch Fotos Seite 70!)

Wissenschaftlicher Name: *Viburnum opulus*

Familie: Moschuskrautgewächse *(Viburnaceae)* bzw. Geißblattgewächse *(Caprifoliaceae)* – systematische Ordnung noch nicht gesichert.

Gattung: Schneeball *(Viburnum)*

Wuchshöhe: 2 bis 5 Meter

Stamm: Rinde gelblichgrau, mit Längsrissen. Die Rinde der einjährigen Zweige ist hellbraun. Seitenzweige weisen kantige Form auf.

Fruchtart: Rote, beerenähnliche Steinfrüchte; reifen Ende August bis Mitte September; beinhalten einen abgeflachten Stein, ungenießbar; Verbreitung selten durch Vögel, da Fruchtfleisch fast ungenießbar.

Frosthärte: frosthart

Geschlecht: Zwittrig, einhäusig – das heißt männlich und weiblich in verschiedenen Blüten, aber auf einer Pflanze.

Blütezeit: Mai bis Juni

Blüte: Randständige, große Lockblüten; Insektenbestäubung; 5-lappig; lockere, schirmförmige Trugdolden; Randblüten größer und unfruchtbar, die innere Blütenfläche ist viel kleiner und fruchtbar. 5 Staubblätter, Fruchtblatt mit 3 Narben ohne Griffel.

Knospen: Gegenständig angeordnet; enganliegend; nach außen kugelig, zugespitzt; Endknospe meist nicht vorhanden; rötlich glänzend; Seitenzweige annähernd kantig.

Samenreife: September

Wurzelsystem: Weitstreichender Flachwurzler mit großem Ausschlagvermögen.

Blätter: 3- bis 5-lappig, ahornblattähnlich, etwa 10 Zentimeter lang; gegenständig angeordnet; Blattrand gelappt, grob und unregelmäßig gezähnt; Oberseite hellgrün und kahl, unterseits graugrün und leicht behaart; orange bis rote Herbstfärbung; Blattstiel 3 bis 5 Zentimeter lang, mit Rinne und mit großen Nektardrüsen ausgestattet. – Am Stielgrund borstenförmige Nebenblätter.

Standort: Vom Tiefland bis ins Mittelgebirge; schwach saure und humose Lehm- und Tonböden; hauptsächlich an Waldrändern, in Gewässernähe; bevorzugt kalkreichen Boden.

Rinde des Gemeinen Schneeball.

Die Rinde des Stammes ist im Alter mit Längsrissen versehen. Der aufrechtwachsende Strauch wird bis an die 5 Meter hoch.

Knospen.

Rötlich glänzend, kugelig, eng anliegend und gegenständig angeordnet.

Weißer Blütenkranz.

Die weißen Blüten sind unfruchtbar und dienen nur der Anlockung von Insekten für die Bestäubung.

Rote Früchte.

Es handelt sich um erbsengroße Steinbeeren, die auch von den Vögeln verschmäht werden.

Blätter des Gemeinen Schneeball.

Sie sind gegenständig und in der Form ahornblattähnlich.

Herbstlaub.

An den Stielen sind die Blätter mit Nektardrüsen ausgestattet.

Wolliger **Schneeball**

Wissenswertes

Sowohl die Früchte, die Blätter wie auch die Zweige des Wolligen Schneeball sind giftig und führen bei Aufnahme zu Erbrechen, zu Magen- und Darmentzündungen sowie Nierenschädigungen, verursacht durch Glykoside, Gerbstoffe und Viburnum.

Das Holz des Wolligen Schneeballs, das schon der Ötzi für sein Werkzeug verwendet haben dürfte, ist besonders elastisch. Die sehr biegsamen Zweige wurden früher in der Fassbinderei verwendet, man fertigte davon die sogenannten „Fassreifen" an. Aus den biegsamen Zweigen fertigte man Bindematerial.

Steckbrief

Wissenschaftlicher Name: *Viburnum lantana*

Familie: Geißblattgewächse *(Caprifoliaceae)*

Gattung: Schneeball *(Viburnum)*

Wuchshöhe: Sommergrüner, buschiger, raschwüchsiger und aufrechter, bis zu 4 Meter hoher Strauch.

Stamm: Rinde rau, im Alter graubraun, längsrissig und mit Korkporen versehen.

Fruchtart: Abgeflachte eiförmige Steinbeeren, aufrechtstehend, mit einsamigem, 7 Millimeter großem Steinkern; meist mehrfärbige Fruchtstände, Färbung zuerst grün, lange Zeit rot, verwandelt sich im Herbst zu einer schwarzen Frucht; diese drei Entwicklungsstadien können auch gemeinsam bei einer Rispe auftreten. Früchte sind „Wintersteher", bleiben im Winter an den Zweigen und werden sehr spät von Vögeln gefressen.

Frosthärte: winterhart

Geschlecht: zwittrig

Blüte: April bis Juni; weiß, in sehr dichten, 5-teiligen, 5 bis 10 Zentimeter großen endständigen Trugdolden. Blüten stehen in einem schirmrispigen Blütenstand beisammen, wobei es entweder zur Selbstbestäubung oder Insektenbestäubung kommen kann.

Knospen: Gegenständig, groß und unbeschuppt (Nacktknospen); Triebe und Knospen hellgrau und filzig; die bis zu 2 Zentimeter großen Blütenknospen lassen bereits im Spätherbst die Blütenstände leicht erkennen, die Blattknospen zeigen ebenfalls die zierlich gefalteten Blätter bereits im Winter.

Samenreife: Ab Ende September bis Mitte Oktober.

Wurzelsystem: Vermehrung durch Wurzelbrut.

Blätter: Gegenständig angeordnet; weich, gestielt, breit-elliptisch, am Grunde eher herzförmig; Blattrand fein gesägt; Oberseite runzelig und dunkelgrün, Unterseite dicht filzig und heller. Blätter sind 7 bis 10 Zentimeter lang; an der Unterseite stark hervortretendes Adernnetz.

Standort: Bevorzugt mineralstoffreiche, kalkreiche Böden und sonnige Standorte. In den Alpen bis in eine Höhe von 1.400 Meter Seehöhe anzutreffen. An Waldrändern und ebenso lichten Laubwäldern zu finden.

Rinde.
Im Alter graubraun, hat Längsrisse, und es treten Korkporen auf.

Knospe des Wolligen Schneeball.
Die große, unbeschuppte Knospe lässt hier bereits die Blüten des sommergrünen Strauches erkennen.

Weiße Blüten.
Der Blütenstand ist eine angenehm riechende, 5-teilige, endständige Trugdolde.

Rot und Schwarz.
Reife (rot) und vollreife (schwarz) Steinfrüchte mit jeweils einem Samen auf einem Zweig.

Blätter des Wolligen Schneeball.
Auf der Oberseite dunkelgrün, weich und runzelig, und …

Blatt-Unterseite.
… an der Unterseite dicht filzig – Merkmal des Wolligen Schneeballs.

Seidelbast

Wissenswertes

Der Echte (Gewöhnliche) Seidelbast ist ein aufrechtstehender, schwach verzweigter, sommergrüner Strauch, der Wuchshöhen bis zu einem Meter erreicht. Er bevorzugt kalkhaltige und nährstoffreiche Böden von Laubmischwäldern, Hochstaudenfluren, Nadelmisch- und Bergwäldern sowie Hartholz-Auwäldern. Er gilt als typischer Buchenbegleiter.

Die gesamte Pflanze ist stark giftig, sie enthält die Gifte Daphnetoxin und Mezerein. Diese verursachen beim Menschen starke Beschwerden im Verdauungstrakt, aber auch Vergiftungserscheinungen im Bereich des Rachenraumes, welche zu einem Brennen im Rachenraum führen. Darauf führt sich auch die Bezeichnung „Kellerhals" zurück, was auf ein Anschwellen des Rachenraumes hinweist.

Leonhart Fuchs schreibt in seinem Kräuterbuch 1543:

Zeiland würdt von ettlichen auch **Zeidelpast** *genennt*
auff Griechisch vnnd Lateinisch Daphnoides
vnnd zu unsern zeiten Laureola (Lorbeer)
darumb das er der gestalt nach
sonderlich an den blettern vnnd der frucht
dem Lorbeerbaum gleich ist
wiewohl die bletter seind ettwas linder
die Frucht auch kleiner Gestalt.
Zeiland ist eun staud mit vilen ästen vnnd zweigen
die sich als die riemen biegen lassen!

Der Name „Seidelbast" wird unter anderem zurückgeführt auf den „Zeitler" Bast, eine äußerst reißfeste und zähe Naturfaser, die in der Imkerei Verwendung fand.

Steckbrief

Andere Bezeichnungen: Gemeiner Seidelbast, Gewöhnlicher Seidelbast, Zilander, Kellerhals, Bergpfeffer, Seidelbaum, Sedelbast.

Wissenschaftlicher Name: *Daphne mezereum*

Familie: Seidelbastgewächse *(Thymelaeaceae)*

Gattung: Seidelbast *(Daphne)*

Wuchshöhe: 40 bis 150 Zentimeter; aufrechter, mehrjähriger Strauch.

Stamm: Stamm und Äste sind hellbraun und nur gering verzweigt, leicht glänzend, mit kleinen Warzen; sehr giftig.

Fruchtart: August/September werden direkt am Zweig saftige, dunkelrote bis gelbliche, erbsengroße fleischige Steinfrüchte ausgebildet; sie sind eiförmig bis kugelähnlich; sehr giftig.

Frosthärte: frosthart

Geschlecht: Zwittrig; selten auch Pflanzen mit nur weiblichen Blüten.

Blütezeit: Februar bis Mai, vor Laubausbruch.

Blüte: Purpurfarbene kleine Glöckchen (8 bis 9 Millimeter); sitzen direkt (stängelblütig bzw. ungestielt) an den holzigen Zweigen, mit 4 Blütenblättern, meist an den Blattstielnarben der vorjährigen Blätter; stark duftend und daher auch als Frühjahrsbienenweide gerne gesehen. Stängelblütigkeit findet man gewöhnlich nur bei Tropenpflanzen – der Seidelbast ist die einzige mitteleuropäische Pflanze mit diesem Kennzeichen. Im Inneren der Blüte stehen 8 Staubblätter und ein unbehaartes Fruchtblatt.

Knospen: Blattknospen länglich bis eiförmig, zugespitzt, weiß bewimpert.

Blätter: Treten erst nach der Blüte lanzettlich (ähnlich Lorbeerblatt), wechselständig, spiralig angeordnet und ganzrandig hervor; Oberseite intensive Grünfärbung, Unterseite graugrün; einjährig; gehäuft am Ende der Zweige; 4 bis 10 Millimeter lang und 1,5 Zentimeter breit.

Standort: Frische, fruchtbare Böden mit ausreichend Boden- und Luftfeuchtigkeit; von Auwäldern bis teils über Baumgrenze; an Waldrändern und auch auf steinigen Böden, vornehmlich Kalk, hier Legföhren- und Grünerlen-Gebüsche in der submontanen bis subalpinen Höhenstufe.

Seidelbast-Rinde.

Wie die gesamte Pflanze ist auch die hellbraune, runzelige Rinde mit ihren kleinen Warzen giftig!

Knospe.

Der Seidelbast hat weiß bewimperte, zugespitzte Blattknospen an den Zweigenden.

Blätter des Seidelbastes.

Der Seidelbast hat einjährige, wechselständige, häufig an den Zweigenden auftretende längliche Blätter.

Rosarote Blüten.

Ungestielt, glockenförmig, an den Blattstielnarben der Vorjahresblätter sitzend.

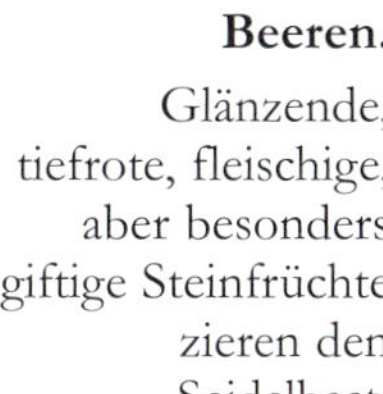

Beeren.

Glänzende, tiefrote, fleischige, aber besonders giftige Steinfrüchte zieren den Seidelbast.

Spindelbaum (Pfaffenhütchen)

Wissenswertes

Der Spindelbaum oder Spindelstrauch, auch „Pfaffenhütchen“ oder „Pfaffenkäppchen“ genannt, ist ein sommergrüner, aufrechtstehender, weitverzweigter sperriger Strauch, der aber auch zu einem bis zu sechs Meter hohen Baum anwachsen kann. Er bevorzugt kalkreiche, frische Böden an Waldsäumen und in hellen Waldbeständen und kommt von der Ebene bis in höhere Mittelgebirgslagen vor. Auffallend im Herbst ist eine bisweilen sehr schöne, leuchtend rote Herbstfärbung *(siehe kleines Bild auf der linken Seite).*

„Pfaffenhütchen“ – der Name rührt daher, dass die Früchte große Ähnlichkeiten mit der Kopfbedeckung von katholischen Würdenträgern haben. Trotz dieser volkstümlichen Namensgebung weist der Strauch hochgiftige Inhaltsstoffe auf, das hochwirksame Alkaloid-Gift Evonosid, welches bereits in geringen Dosen zu Übelkeit, Kreislaufstörungen und Nierenversagen führen kann.

In der Vogelwelt verhält sich die Sache ganz anders. Hier sind die Samen für unsere Singvögel im Winter ein sehr attraktiver Leckerbissen. Mancherorts wird der Spindelstrauch daher auch als „Rotkehlchen-Brot“ bezeichnet.

Das Holz ist feinporig, gelblich bis weiß und äußerst hart. Früher wurde es als Drechselholz verwendet, es wurden daraus Spindeln (daher der Name!), Stricknadeln, ja sogar Orgelpfeifen angefertigt.

Das Pfaffenhütchen ist ein bedeutendes Flurgehölz und wird gern im Erosionschutz bei Ufer- und Böschungssicherungen eingesetzt. Wegen seiner attraktiven Herbstfärbung wird es auch häufig als Ziergehölz in Gärten und Parks gepflanzt.

Steckbrief

Andere Bezeichnung: Gemeiner Spindelbaum, Gemeiner Spindelstrauch, Pfaffenhütchen, Pfaffenkäppchen, Hundskirsche, Spillbaum.

Wissenschaftlicher Name: *Euonymus europaeus*

Familie: Spindelbaumgewächse *(Celastraceae)*

Gattung: Spindelsträucher *(Euonymus)*

Wuchshöhe: Sommergrüner 2 bis 3 Meter hoher Strauch mit wintergrünen Zweigen; zeitweise als kleiner Baum bis 6 Meter hoch.

Stamm/Zweige: Rinde der rundlichen bis kantigen Zweige im Jugendstadium dunkelgrün, der Sonne zugewandt leicht rötlich; im Alter grau bis rotbraun, ausgeprägte Korkleisten, längsrissig.

Fruchtart: Rosa bis scharlachrote Kapseln, langgestielt; in 4 Klappen aufspringend, mit stumpfen Kanten; diese enthalten 4 weiße, eiförmige Samen, umgeben von einem fleischigen, orangen Samenmantel. Nach dem Aufspringen der Frucht hängen die Samen an einem verlängerten Faden; sehr giftig; allerdings attraktiv für Vögel – Weiterverbreitung!

Frosthärte: winterfest bzw. frosthart

Geschlecht: Sowohl zwittrige als auch nur weibliche oder nur männliche Blüten können vorkommen (dreihäusig).

Blüte: Mai bis Juni; kleine grünlich-weiße, eher unscheinbare langgestielte Trugdolde mit 4 schmalen Kronblättern sowie 4 Staubblättern; Fruchtknoten oberständig. Insektenbestäubung.

Knospen: Gegenständig, anliegend, klein, kahl; sie sind grün bis leicht rötlich an den Rändern mit spitzen, abstehenden Schuppen.

Samenreife: August bis Oktober

Wurzelsystem: Flachwurzler; durch Ausläufer starkes Vermehrungspotential.

Blätter: Gekreuzt gegenständig, kurz gestielt, am Rande feingesägt; verkehrt eiförmig; Oberseite dunkelgrün, Unterseite hellgrün; Stiel rinnig und im Herbst tiefrote Färbung; bis zu 11 Zentimeter lang.

Standort: Bevorzugt kalkreiche, frische Böden an Waldsäumen und in hellen Waldbeständen – von der Ebene bis ins höhere Mittelgebirge.

Älterer „Baum".

Die Rinde ist grau, mit Korkleisten versehen und längsrissig.

Knospen des Spindelbaumes.

Sie sind eiförmig, gegenständig angeordnet, klein, anliegend und spitz.

Blätter.

Sie sind kurz gestielt, kreuz-gegenständig angeordnet, lanzettlich und an den Rändern fein gesägt.

Pfaffenkapperl-Blüten.

Sie sind unauffällig, klein, hellgrün, mit 4 Kronblättern, die in kleinen Dolden erscheinen.

Pfaffenhütchen – giftige Frucht.

Es sind dies scharlachrote Kapseln, die 4 Samen enthalten.

Samenkerne.

Wenn die Samen reif sind, springen die Früchte auf.

Stechpalme

Wissenswertes

Der Namensteil „Palme" stammt von der Verwendung des Baumes in christlicher Tradition: Zur Erinnerung an den Einzug Jesu in Jerusalem werden am Palmsonntag in Ermangelung echter Palmen in weiten Teilen der christlichen Welt Zweige von Weiden, Buchsbaum, Stechpalme und anderen Pflanzen als „Palm" geweiht. Als immergrüne Pflanze – Inbegriff ewigen Lebens – geht der Mythos um die Stechpalme bereits auf die vorchristlichen Kelten, Römer und Germanen zurück.

Die Stechpalme ist trägwüchsig und verträgt den Schnitt sehr gut. Sie ist Buchenbegleiterin, wächst im Freistand oder schattenertragend im Unterholz der Laub- und Mischwälder. Sie wird als Zierstrauch und als Heckengewächs gepflanzt und dient vor allem in England zur Schmuckreisig-Gewinnung. Wegen ihrer Rauchhärte ist sie für städtische Gartenanlagen gut geeignet.

Die ganze Pflanze ist leicht giftig und wird volksarzneilich verwendet. Die Stechpalme war im einfachen Volk früher sehr angesehen: *„Wer Schlechtes über die Stechpalme sagt, wird bald im Schmerz die Hände ringen müssen"*. – Sie ist eine gute Bienenweide, und im Herbst dienen ihre Früchte als Vogelnahrung.

Knospen der Stechpalme.
Knospen – umrahmt von den dornig gezahnten Blättern.

Steckbrief

Andere Bezeichnung: Schradbaum, Schradl, Stecheiche, Christdorn.

Wissenschaftlicher Name: *Ilex aquifolium*

Familie: Stechpalmengewächse *(Aquifoliaceae)*

Gattung: Stechpalmen *(Ilex)*

Wuchshöhe: 1 bis 5 Meter hoch, ausnahmsweise bis zu 15 Meter.

Stamm: Bis zu 50 Zentimeter Stammstärke; immergrüner Strauch; kegelförmig.

Fruchtart: Steinfrüchte erbsengroß, leuchtend rot; verbleiben bis zum Frühjahr am Strauch.

Frosthärte: leicht frostempfindlich

Geschlecht: eingeschlechtlich, zweihäusig

Blütezeit: Mai/Juni

Blüte: Klein, weiß, 4-zipfelig, büschelig in Blattwinkeln, duftend.

Samenreife: Herbst, überliegen zwei Jahre.

Wurzelsystem: Tiefwurzler; großes Ausschlagvermögen.

Blätter: Wechselständig; immergrün; lederig, kurzgestielt, ei-elliptisch; oberseits glänzend tiefgrün, unterseits hellgrün; Rand wellig gebogen; dornig gezähnt (untere Zweige) bis ungezähnt (obere Zweige, von Mannshöhe an).

Blätter und Früchte.

Glänzend tiefgrüne Blätter; beerenähnliche, ungenieß bare Steinfrüchte.

Standort: Meist auf Kalk oder Sand, humose und frische Böden bevorzugend. Wintermilde Gebiete oder luftfeuchte Gebirgslagen (bis zu 1.200 Meter). In Österreich im Burgenland und im österreichischen Donaugebiet.
In Deutschland im Mittelgebirgsgürtel vor allem westlich des Rhein, im Schwarzwald, im nördlichen Tiefland und im Alpenvorland auch weiter östlich.

Alter: bis 300 Jahre

Traubenkirsche

Wissenswertes

Die Traubenkirsche wächst als sommergrüner, bis zu 10 Meter hoher Strauch oder als bis zu 15 Meter hoher dichter Baum mit überhängenden Ästen. Sie ist ein Flachwurzler mit einigen tiefer streichenden Wurzeln. Bezüglich des Bodens ist sie anspruchsvoll und wächst vornehmlich in Ebenen und Fluss-Auen sowie in genügend frischen Bergtälern – bis über 1.500 Meter Seehöhe hinauf. Bis zum 30. Lebensjahr ist sie raschwüchsig, hat ein großes Ausschlagevermögen aus Stock und Wurzeln, erträgt mäßigen Schatten und gedeiht auch noch auf feuchten Böden – ihr Vorkommen zeigt Grundwasser an. Kalkreiche Böden meidet sie eher.

Andere Namen für die Traubenkirsche sind: Ahlkirsche, Sumpfkirsche oder auch Elsenkirsche; in Österreich kennt man sie auch als „Öhlesen“, Ölexen oder Elexen.

Die Blüten haben einen ganz eigenen Geruch – die Traubenkirsche wird daher auch landläufig „Wilder Flieder“ genannt.

Die erbsengroße, kugelige Steinfrucht der Traubenkirsche ist zuerst rot und dann glänzend schwarz. Sie reift im Spätsommer und wird gerne von Vögeln aufgenommen, die für die Verbreitung der Samen sorgen. Ihr Laub dient verschiedenen Schmetterlingen als Raupenfutter.

Das Holz der Traubenkirsche hat einen breiten gelblich-weißen Splint und braungelben Kern, glänzt schwach, riecht frisch unangenehm und ist zäh – es wurde früher zur Herstellung von Fassreifen verwendet.

Die Traubenkirsche eignet sich ausgesprochen gut als Bestandteil einer Hecke. Sie bietet Deckung und Nahrung für viele Vogelarten.

Steckbrief

Andere Bezeichnungen: Ahlkirsche, Sumpfkirsche, Elsenkirsche; in Österreich auch „Öhlesen", Elexen oder ähnlich.
Der Name „Traubenkirsche" leitet sich von den in Trauben hängenden Steinfrüchten her.

Wissenschaftlicher Name: *Prunus padus*

Familie: Rosengewächse *(Rosaceae)*

Gattung: *Prunus*

Wuchshöhe: 10 Meter als Strauch, 15 Meter als Baum.

Stamm: Durchmesser bis 60 Zentimeter; Rinde dunkelgrau, glatt; erst später längsrissige, dünne Borke.

Geschlecht: Zwittrig – männlich und weiblich in einer Blüte.

Blüte und Frucht: Blüte weiß in reichblütigen, überhängenden, langen Trauben. Steinfrüchte, erbsengroß, kugelig, zuerst rot, dann glänzend schwarz, bittersüß.

Blütezeit: Mai/Juni

Samenreife: Juli/August

Wurzelsystem: Flachwurzler

Blätter: Sommergrün; wechselständig; elliptisch bis breit-lanzettlich, gespitzt; Oberseite lebhaft grün, Unterseite graugrün; Stiel meist mit zwei grünen Drüsen; im Herbst gelb bis rot.

Standort: Erträgt mäßigen Schatten. Verlangt kräftige, frische bis feuchte humose Böden. Kalkreiche Böden meidet sie eher.

Alter: 60 Jahre

Stamm einer Traubenkirsche.

Die Rinde – hier von einem Traubenkirsch-Baum (nicht Strauch) – ist schwarzgrau. Im Alter wird die Borke längsrissig.

Knospen.

Die Knospen sind spiralig angeordnet, stets spitz und vielschuppig.

Blüten der Traubenkirsche.

Die Blüten und später dann die Früchte hängen in langen Trauben von den Ästen.

Blatt.

Elliptisch bis breit-lanzettlich, gespitzt; die Oberseite ist lebhaft grün.

Holz.

Breiter, gelbweißer Splint, braungelber Kern.

Hecke mit Traubenkirsche.

Sie bietet Deckung und Nahrung für viele Vogelarten.

Weißdorn

Wissenswertes

„Weißdorn" – der Name dieses sommergrünen Strauches weist zum einen auf die weißen Blüten des im Freistand üppig blühenden Strauches hin, zum andern auf die im Gegensatz zum Schwarzdorn (Schlehdorn) hellere Rinde *(siehe Seite 65 ff)*.

Das Holz ist trägwüchsig, äußerst hart, zäh und schwer spaltbar, daher war es ein von den Wagnern bevorzugtes Holz noch in der Mitte des 20. Jahrhunderts. Die Farbe des Holzes ist weiß bis fleischrot, mit bräunlichen Adern durchzogen. Die Dichte des lufttrockenen Holzes liegt bei 850 Kilogramm je Kubikmeter, ist also sehr hart. Es ist sehr feinfaserig und deshalb auch gut polierbar.

Die Apfelfrüchte des Weißdorns wurden früher zu Mehl verarbeitet oder die Kerne geröstet und als Kaffeeersatz verwendet. Heute verarbeitet man sie zu Kompott, Marmeladen und Säften.

In der Medizin werden Auszüge bzw. Pflanzenteile gegen Bluthochdruck, Angst und Depressionen verwendet – immer in Absprache mit Fachärzten!

Da der Weißdorn sehr schnittverträglich ist, wurde er früher oft als stachelbewährte Hecke für die Einzäunung von Weiden angepflanzt. Zusammen mit dem Schlehdorn ergab das eine nahezu undurchdringbare natürliche Barriere, gleichzeitig einen wertvollen Lebensraum für unsere heimischen Singvögel.

Die Rede ist hier vom eingriffeligen Weißdorn. Der mit ihm nahe verwandte Gemeine Weißdorn hat ebenfalls weiße Blüten in Form von Trugdolden und ist nur schwer vom eingriffeligen Weißdorn zu unterscheiden. Hauptunterschied sind die meist dreilappig gesägten Blätter und die in der Blüte vorkommenden 2 Griffel, daher auch „zweigriffeliger" Weißdorn.

Steckbrief

Andere Bezeichnungen: Hagedorn, Hundsdorn, Mehlbaum, Hoghedorn.

Wissenschaftlicher Name: *Crataegus monogyna*

Familie: Rosengewächse *(Rosaceae)*

Gattung: Weißdorne *(Crataegus)*

Wuchshöhe: Sommergrün; dicht verzweigt; Großstrauch bis Kleinbaum (bis 10 Meter Höhe), meist aber Strauchform bis 5 Meter.

Stamm: Bis 70 Zentimeter Durchmesser; Rinde in der Jugend olivbraun bis rotbraun, glatt; im Alter Längsfurchen in Grau; schwach abblätternde Borke; viele Kurztriebe zu Dornen umgewandelt.

Fruchtart: Blutrote, beerenartige Apfelfrüchte; oval bis eilänglich, am Scheitel vertieft; essbar, aber mehlig; leicht säuerlich; mit Steinkern; Griffel bei der reifen Frucht noch sichtbar. Früchte sind Wintersteher, daher für zahlreiche Vogelarten eine willkommene Nahrungsquelle.

Frosthärte: bis minus 20° C

Geschlecht: zwittrig

Blüte: Mitte Mai bis Mitte Juli. Weiße, 5-zählige Blüten in Trugdolden; pro Blüte 15 bis 20 Staubblätter mit dunkelroten Staubbeuteln und 1 Griffel; sitzen an der Spitze der Zweige; unangenehm riechend, lockt damit vor allem Aasfliegen an, die dann für die Bestäubung sorgen.

Knospen: Spiralig angeordnet, vielschuppig, sehr klein, braun; Zweige kahl, glänzend, glatt, grau und stark bedornt – Dornen haben am Grund beidseits je eine Knospe. Endknospen größer als Seitenknospen.

Samenreife: Mitte September bis Anfang November

Wurzelsystem: weit ausstreichend

Blätter: Wechselständig, gelappt bzw. tief eingeschnitten und nur an den Spitzen gezähnt, meist 5 bis 7 Lappen; glänzend grün, Unterseite eher blaugrün; Stiel 1 bis 2 Zentimeter lang; in den Adernwinkeln auf der Unterseite behaart; Nebenblätter gezähnt und halbmondförmig.

Standort: Kalkhaltiger, humoser, nährstoffreicher Boden; aber auch auf sandigen Böden; bis 1.500 Meter; gern in lichten Auwäldern, an Waldsäumen; Pioniergehölz – Verbreitung durch Vogelkot.

Alter: Bis mehrere hundert Jahre.

Weißdorn-Stamm.

Der Stamm ist von olivbraun bis rotbraun, mit schwach abblätternder Borke und klar erkenntlichen Furchen im Alter.

Knospen.

Sehr klein, braun, spiralig angeordnet – oftmals am Grund der Dornen.

Blätter des Weißdorn.

Die Blätter sind vielgestaltig, tief eingeschnitten und mit Lappen versehen.

Weiße Blüten.

Sie sind mit 1 Griffel („eingriffelig") und zahlreichen dunkelroten bis violetten Staubbeuteln versehen.

Blutrote, beerenartige Apfelfrüchte.

Auffallend ist die Vertiefung am Scheitel, wo 1 Griffel sichtbar ist.

Hecken – Rückzugsgebiete und Einstände

Hecken sind äußerst wichtige Bestandteile in der Kulturlandschaft. Nicht nur für die Wildtiere, auch für die Kulturpflanzen im Ackerbau ergeben sich durch die Hecken viele Vorteile. Das Kleinklima auf den Anbauflächen wird enorm verbessert. Die Windgeschwindigkeit wird verringert, die Taubildung steigt, und somit werden auch die Bodenfeuchtigkeit und der gesamte Wasserhaushalt verbessert. Durch das vielverzweigte Wurzelsystem trägt die Hecke auch zur Bodenstabilisation und zum Schutz vor Erosion bei. Für viele Nützlinge, wie Bienen, Hummeln, Schmetterlinge, und Schädlingsvertilger, wie Igel und verschiedene Singvögel, bilden die Hecken herrliche Rückzugsgebiete.

Sind Hecken in der Landschaft vorhanden, ist der Tisch für die Tierwelt reich gedeckt. Neben Deckungspflanzen soll eine Hecke auch Nahrungspflanzen beinhalten. Es ist darauf zu achten, dass bodenständige Pflanzen verwendet werden, ansonsten sind der Fantasie keine Grenzen gesetzt.

Um den Deckungscharakter zu erhalten, muss die Hecke alle zwei, drei Jahre zurückgeschnitten werden. Setzt man sie auf den Stock, das heißt, man schneidet die Pflanzen in einer Höhe von 20 bis 30 Zentimeter ab, entstehen bei vielen Baum- bzw. Straucharten üppige Verzweigungen. Das erhöht neben der Deckung auch die Attraktivität als Äsung, denn die köstlichen Triebspitzen bringen für Hase, Reh und Co keinen Nutzen, wenn sie nicht erreichbar sind.

Und noch etwas: Ein hochwertiger Lebensraum für die Tierwelt braucht auch das notwendige Maß an Ruhe. Also: Rücksichtnahme bei allen Formen der Landnutzung!

FOTO-FIBEL II

Nadelbäume

Fotofibel

Von Helmut Fladenhofer & Karlheinz Wirnsberger. 88 Seiten, rund 100 Farbfotos. € 23.-

In dieser Fotofibel werden alle heimischen Nadelbäume und -sträucher in Text und Bild vorgestellt – von der Eibe über die Fichte und die Lärche bis hin zur Latsche und zur Zirbe. Nicht nur die Bäume selbst werden gezeigt, sondern auch deren Nadeln, Blüten und Zapfen im Detail. Ein Streifzug durch die Verwendung der verschiedenen Hölzer und welche Teile der Bäume dem Menschen als Heilmittel dienten rundet das Buch ab. Steckbriefe fassen Grundwissen und Kenndaten zu den einzelnen Bäumen übersichtlich zusammen und machen das Vergleichen leicht.

Verfasst wurde die Fibel „Nadelbäume" von den beiden Autoren der „Laubbaum-Fibel": dem steirischen „Hahnenförster" Helmut Fladenhofer – seine Verdienste rund um die Erhaltung des Auerwildes sind Legende – und vom Leiter des Jagdmuseums in Stainz, Karlheinz Wirnsberger. Es könnte nicht stimmiger sein: Waldbücher, die aus der Steiermark kommen, dem „Grünen Herzen Österreichs" ...

Österreichischer Jagd- und Fischerei-Verlag
1080 Wien, Wickenburggasse 3
Tel. +43/1/405 16 36 Fax +43/1/405 16 36/59
E-mail: verlag@jagd.at Internet: www.jagd.at